# 海派艺术家具发展典籍

主　编　刘　锋

副主编　赵根良　叶柏风　刘元喆

上海科学技术出版社

## 内容提要

《海派艺术家具发展典籍》是国内第一本专题详尽描述海派艺术家具成因及发展历程的著作。本书系统地总结了中国近现代家具的起源、发展、艺术成就和社会历史价值,详细阐述了一个完整的理论体系,以深入解读中国海派近现代家具的设计特点、成因、工艺特点及在特定的历史时期形成的独特的社会艺术价值。书中首次展现了中国20世纪二三十年代许多家具设计大师们的手绘稿真迹,许多珍贵的历史资料及图纸也是第一次整理发布。本书可以作为高校家具专业及家具史学家的研究资料和上海的文化发展脉络传承的档案资料,也可以作为家具收藏家及家具设计师、室内设计师的参考资料。

**图书在版编目(CIP)数据**

海派艺术家具发展典籍 / 刘锋主编. — 上海:上海科学技术出版社,2017.1
　　ISBN 978-7-5478-3273-8

　　Ⅰ.①海…　Ⅱ.①刘…　Ⅲ.①家具-介绍-上海
Ⅳ.① TS666.251

　　中国版本图书馆CIP数据核字(2016)第234063号

本书由上海文化发展基金会图书出版专项基金资助出版

**海派艺术家具发展典籍**

主　编　刘　锋

副主编　赵根良　叶柏风　刘元喆

上海世纪出版股份有限公司
上 海 科 学 技 术 出 版 社　出版
(上海钦州南路71号　邮政编码200235)
上海世纪出版股份有限公司发行中心发行
200001　上海福建中路193号　www.ewen.co
上海中华商务联合印刷有限公司印刷
开本　787×1092　1/16　印张　12.5　插页　4
字数　180千字
2017年1月第1版　2017年1月第1次印刷
ISBN 978-7-5478-3273-8 / TS·196
定价:85.00元

# 序
PREFACE

海派家具是中国近现代家具发展史上重要的一页。海派家具的萌发、形成和发展产生于中国近代的上海，是西方列强的坚船利炮之下的被迫开放以及远洋航运的发达所带来的西风东渐的结果。其实来自欧洲并体现西方文明的电器、餐饮、服饰、交通、通信、文化娱乐、建筑风格和居住方式、家具用品和生活方式都不同程度地传入中国，对中国社会，特别是对上海等开放通商口岸及周边地区带来了极大的影响。中西家具文化冲击碰撞的积极成果，便是海派家具的萌发、形成和发展。新中国成立后，上海成为中国最大的经济、文化和航运中心。计划经济时期，在短缺经济的背景下，海派家具以特有的功能和形式——"36只腿"风靡全国，成为中国家具的时尚符号，为几代人留下了悲情而美好的回忆。特别是当时经历过凭票供应、通宵排队购买家具的新婚夫妇更是终生难忘。改革开放以后，虽然再次受到了西方家居文化的冲击，但海派家具与时俱进，仍然是家具市场的主流产品，新海派新中式的流行充分显示了海派家具的旺盛生命力。

刘锋先生的《海派艺术家具发展典籍》一书对海派家具产生的历史背景、海派家具的形成和发展、海派家具的概念与内涵、海派家具的风格与品类、海派家具的材料和工艺、海派家具的市场和营销模式等方面均进行了详尽的论述,特别是书中收录的海派家具在各个发展时期的极为珍贵的图纸资料,更是大大提升了本书的收藏价值。

刘锋先生毕业于中南林业科技大学的木材科学与技术专业,1966年就业于上海家具工业公司所属骨干企业——上海解放家具厂,其前身是建业于1921年的水明昌木器厂,在此过程中积累了丰富的实践经验,也收集了大量的上海家具行业发展的历史资料和包括家具设计图在内的专业技术资料,为本书的撰写打下了牢固的基础。

在民族文化复兴的大潮中,新海派、新明式、新东方等新中式家具的日益流行,正是文化自信和文化自觉的具体体现,本书的出版也必将对中国当代家居文化的理论探索和市场开发发挥积极的作用。

**胡景初**

2016年6月

# 前 言
## FOREWORD

"历史在寻找上海,上海也在寻找历史"。上海自1843年开埠以来,一百多年的历史中有许许多多的事和物,需要我们去探寻;当时风靡全市的海派艺术家具亦是很值得人们去研究和回味。

从当时开埠较早的广州、上海、天津等地的家具生产情况来看,广州从明末清初开始通商,是最早的开埠城市。但家具制作基本上是沿用明清的技艺与形制,只有在镶嵌、雕刻、花饰上引用一些西方的纹饰与技艺,它是先行后止。天津开埠较广州、上海晚,1860年被迫开埠。英、美、法、德、日、俄、意、比、奥匈九国在津设租界,一地设九租,全世界绝无仅有,故天津的所谓海派家具是"以洋为主"或"以中为主",很少有两种家具相互融合一体。各个国家的侨民要求也不一样,所以天津的家具只能中洋混用,各行其道,没有形成流派。而上海开埠比广州晚,比天津早。上海开埠之前清嘉庆年间已有50万人口,使之成为"江海之通津,东南之都会",开埠后人口迅速增加,到了1915年上海人口已超过200万,其中有100多万人住在公共租界,近50万人住法租界,而到了1930年上海人口已超过300万,继伦敦、纽约、东京、柏林之后,成为世界第五大城市,所谓摩登大上海。由于城市的扩大,人口的膨胀和石库门建筑的出现,人们的生活方式发生了改变。上海家具的需求量猛增,西方先进的家具生产技术和机械设备引入，促使上海家具制作飞速发展。加上西洋家具的流行和各种设计思潮的传播，将传统家具与西方家具艺术相结合，中西融汇，从而创造出一种具有双重特色的新型家具，并且形成了一种流派，在上海即被誉为海派家具。

海派家具实际上是上海"海纳百川"的产物。它一方面表现为对西方家具文化的包容性。它把西方家具中的款式、功能、结构和合理的工艺加以吸收，并融入传统家具中，使家具更适合当时的生活方式，并且根据客户不同要求，设计出不同的"西式中做"家具，使得西洋家具本土化。另一方面，海派家具表现为对中国传统家具文化的传承性。虽然它吸取了许多西方家具的功能、款式、装饰纹样与生产的技艺，但与纯粹的西洋家具还是有很大的区别，它仍然是以中国传统家具的材料、工艺结构、习惯制作技艺（如榫卯连接）等为主，保持传统家具的特征，所以海派家具也成为传统家具国际化的开始。海派家具曾经创造并留存下来大量的十分珍贵的海派家具图纸和实物，由于近几十年的变迁，仅遗存下来很少一部分，并且散落民间。搜集整理这些图纸资料，挽救弥足珍贵的海派家具原始资料，乃是当务之急。为此，在上海市家具协会会长、海派家具非物质文化遗产传承人、亚振家具股份有限公司总裁高伟先生的领导下，我们组织一批上海家具行业中从事家具专业教学、家具设计及生产实践几十年的专家、高级设计师、学者与技师搜集整理编写了这本《海派艺术家具发展典籍》。本书介绍了海派艺术家具的起源、形成，从成熟走向鼎盛的精湛制作技艺，展示了大量精美的海派家具图样原稿。300多幅设计大师精心设计的原稿，以尽量"原汁原味"的状态，第一次与世人见面，让人们通过这些珍贵的资料，得以回味19世纪末20世纪上半叶上海的中、上层人士和外籍人士的家居生活状况。同时本书对了解当时上海的风土人情、习俗民俗等，亦是不可多得的历史资料。

本书主要精选出上海地区20世纪初至40年代海派艺术家具设计图中的一部分精品，这些海派家具既继承了我国传统明清家具的制作技艺，又大量汲取了西方家具的特点，是我国家具设计的前辈们长期辛勤创作积累下来，富有艺术魅力的典雅华贵之作。它们的造型艺术和制作技艺的造诣，已达到当时世界上领先水平，得到世人的公认。1914年，马德记家具店的银杏木写字台、红木桌椅在巴拿马商品博览会上获得三等奖；1921年，上海厚昌木器店在法国开有"厚昌木器号"，专售中国传统红木家具，并于当年德国莱比锡举行的世界博览会上，送展的一套"厚昌"红木客厅家具获得了"艺术奖"。在世界级的博览会上获奖，这充分说明海派家具的成就和艺术魅力。本书除了收录了20世纪初至40年代的海派家具图外，还收录了部分现代海派家具精品照片，作为现代海派家具传承的代表佳作，供广大读者鉴识。如上海"亚振"的海派家具，不仅传承了原来的造型及制作技艺，还结合现代科学技术进行创新，使海派家具发扬光大。其产品已大量远销海内外，2015年成为意大利米兰世界博览会中国馆的馆展家具，得到世界的认可。《海派艺术家具发展典籍》一书既有历史的叙述，又有海派家具制作的精湛技艺介绍，还有大量弥足珍贵的家具设计原图展示，是从事家具设计与制作的设计人员及科研技术人员，从事工艺美术研究、家具艺术研究、家具收藏等人员不可多得的鉴识及收藏的资料；此书亦可作为大中专院校相关专业师生的参考教材，也是家具从业人员及业余爱好者的参考书。

本书由刘锋主编，赵根良、叶柏风、刘元喆副主编，叶柏风撰写第一章，赵根良撰写第二、三、四章，刘锋撰写第五、六章，刘元喆负责全书配图编排。参与编写和提供资料的有胡景初、邓背阶、王小瑜、王健、吴纪应、刘娜娥、刘博、张济芳、张林莉等。在编写时还得到了高春明老师的指导。在此，借出版之际深表谢意。由于时间仓促及编者水平所限，本书难免有错漏之处，欢迎读者批评指正。

编　者

# 目 录
## CONTENTS

第一章

# 中国近代家具概况

上海开埠,欧洲经典建筑在上海的外滩先后建造起来,同时带来了西方的生活内容和生活方式。中国的传统家具形式在延续,外来元素不断注入,海派家具逐渐形成、成熟。

# 第一节　中国近代家具的变迁

住宅形式的改变,建筑的西化,西方商业的进入为西化的家具提供了很大的平台。在一个完全中式的厅堂内,摆上一套西式家具,会显得不伦不类。家具西化后,家具上的摆设也要随之变化,这样才能形成一个时代的整体特征。

## 一、近代的建筑和风情

### 1. 近代初期的建筑

1840年6月28日～1842年8月,鸦片战争导致香港被割让,接着又是"五口通商",其中有上海口岸的开放。

1843年11月17日,上海开埠(图1-1)。

1843年,英商怡和洋行,率先在外滩靠近后来的北京东路口租地建造起了居住、办公合二为一的建筑,楼高两层(图1-2)。而到了1849年,开埠之后六年,前后已有11家洋行在外滩建造起类似建筑。所有这些建筑都为砖木结构,特点是平面简单、形式简洁、立面上线脚清晰且无其他装饰,最大的特点是都带有宽大的内长廊,建筑学上叫作券廊式(图1-3)。

当时的上海租界涌入八方难民,在此背景下一种叫作简屋的居所于英租界中应运而生。所谓简屋,全是木头结构,采用了西方住宅的连排形式,为后来石库门建筑的兴起打下了基础。

对租界中的不少洋行来说,看到了新的商机,纷纷开出了地产部。在租界内大量建造简屋,以高昂的租金将建造而成的简屋租给逃亡中的

图1-1 上海开埠后的外滩

左：图1-2 重建后的原怡
和洋行
右：图1-3 券廊式建筑

中国富人，年获利可达30％～40％，对租界中的洋行来说，这实在是一笔超高利润啊。

当历史进入19世纪60年代的后期，外国人在上海开始设厂，租界中的华人再次骤增。1870年前后，那些将原来的简屋一一拆除的洋行，在石库门里弄这种建筑空间中寻找到了敛财的新路径，上海开始建造里弄住宅，出现了第一代石库门民居，上海建筑的历史掀开新的一页。

1910年之后，上海的石库门建筑进入第二代。

与第一代石库门相比，后期石库门在总体布置、单体设计，以及建筑的细部装饰方面都有大的变化和改进。对此，上海建筑史专家如此评述：后期石库门的排列比早期石库门更加整齐，同时弄堂也有了加宽，

图1-4　石库门建筑

由以前的4米扩展到了5米；单体设计则由原来的三开间二厢房变化为单开间一厢房或双开间一厢房；建筑的细部，譬如栏杆、门窗、扶梯、柱头、发券等，全部采用西方建筑细部装饰的处理手法。

到了1930年，石库门建筑进入了它的黄金时代，第三代石库门应运而生（图1-4）。

那个时期，石库门再次发生了变化，垂直向上，由早前的两层上升到了三层，外立面的处理与之前也有了更多不同，西方装饰艺术的细节比比皆是，并有了抽水马桶，西方物质文明在上海中产阶级却是感同身受了。

石库门是自上海开埠以来最为深切地影响着市民生活方式的建筑形式之一，他们的后代在这个空间中得到新的生命，新的文化和生活方式得以出现和发展。

在1864年的上海，上海英国总会建起规模巨大而又华丽的洋楼，在后来的岁月中，一直被算作外滩地域的一座地标性建筑，与1904年建成的法国总会、1925年建成的美国总会并列为旧上海滩上的三大总会。上海英国总会的建筑形式具有英国文艺复兴时期建筑的古典美学特征（图1-5）。它的内部空间设有两个大餐厅、两个小餐厅，还有三个弹子房，以及棋牌室、图书室、阅览室和酒吧间。

上海英国总会的家具均由洋行直接用商船从欧洲运到上海。使得国人看到了有规模的欧洲家具，也使得在洋行工作的中国人有了追求欧洲家具的冲动，产生了上海各类家具作坊仿制欧洲家具的萌芽。

**图1-5 原上海英国总会**

### 2. 大型商业的出现

工部局在1865年将"大马路"正式命名，即现在的南京路。就此，南京路迎来了自己生命周期的童年时期，它后来蓬勃的商业活力也由此而生，当时的福利、汇司、泰兴和惠罗应是最为活跃公司。

1847年，福利公司第一个来到南京路。那时，福利创始人之一的英国人爱德华·霍尔便在今南京路、四川中路开设商店为侨民输入来自家乡的各种商品。福利公司在上海开创了"环球百货公司"的先声。

泰兴公司销售食品、杂货、酒类、家具、船具、毛织衣、女性服饰等，那时上海有了"去泰兴，买世界上任何商品"的说法。

惠罗公司尽管最后一个赶到，却成为整个西方百货公司在上海的翘楚，它于1906年在今南京路、四川中路的东北角闪亮登场。

1902年，中国的商界巨子开设了先施百货公司（图1-6）。7年之后，郭氏兄弟开设了永安百货公司（图1-7）。作为上海的一种生活方式，开张不出20天，永安百货公司创造的成绩着实炫目，从香港采购而来的一万多种货品，在20天中销售一空。

此时，大型商业成规模，各类洋行贸易公司在家具商业流通形成了品牌，家具进口渠道在商业环节中畅通成熟了。

图1-6 原先施百货公司所
在地

图1-7　原永安百货公司

## 二、近代的家具与生活

### 1. 包容与交融的城市

来自西方的大小冒险家,在上海地域留下了美轮美奂的私家花园。西方文化添加进本土文化,在充分地"包容与交融"后,于建筑中飘散着海派文化的韵味。

武康大楼,当年的诺曼底公寓,1924年耸立在现在的淮海路武康路口(图1-8)。建成之初入住其中的主要是西方侨民。

公寓底楼是老欧洲的骑楼样式,一个连着一个的拱形门洞外和拱形门洞中,看得见不同店面,门洞中的那条长廊兼作人行道。

当年走入诺曼底公寓的底层大堂(图1-9),整个大堂基调让人感觉温馨而华贵,满眼一片金黄,电梯门是黄澄澄的,地上铺设的马赛克是黄澄澄的,大堂四面的墙壁亦是黄澄澄的,宽大并盘旋而上的楼道也是一片金黄,这份奢华完全吻合了当时上海的黄金岁月。

南京路几大商场自然是诺曼底公寓的住客们购买家具和生活用品的首选,他们也会在上海大大小小家具作坊中定制中西融合的家具,当时欧洲装饰主义风格的家具风行一时(图1-10、图1-11)。

图1-8　武康大楼

图1-9　大楼大堂

左：图1-10　欧式家具
右：图1-11　中西融合的
　　　　　　家具

## 2. 精美雅致的室内环境

现在的上海市少年宫，当年是闻名遐迩的大理石宫（图1-12），大小不一的房间全都焕发着欧洲室内装饰的美感。墙壁之间镶嵌着优雅的浅浮雕柱子，有陶立克式样也有科林斯式样；天花板上布置石膏图案，含义丰富、缤纷夺目；还有规整的壁炉和庄严的壁龛，壁龛上的券心石与翩翩起舞的波旁王朝似乎有着密切关系。所有房间由白色、绿色和浅蓝色构成，焕发着宁静、内敛的美感，但又渗透着浓郁的贵族气息（图1-13）。

图1-12 原大理石宫

图1-13 大理石宫室内

大理石宫1924年建成,一楼有舞厅、餐厅、会客室、休息室、娱乐室,二楼有卧室、盥洗室,三楼还有佣人房。大厅四周墙壁、中间的壁炉,以及壁炉两侧方柱全都布满了大理石雕刻,精美无比、唯美绝伦。大厅20米高的天花板上悬挂着8盏庞大的玻璃珠子吊灯,当进入夜晚,吊灯放射出光芒,你可以想象满堂生辉、璀璨至极的那番景象。

大理石宫内主要空间的家具是洛可可风格的,这些家具也成为当时海派家具中的元素。外来文化的渗透都有空间上的关联,家具的洋化要以建筑的洋化为前提,而家具洋化了,那么人的服饰、家具上的摆设都要随之变化,这样才能形成一个时代的整体特征。

# 第二节　近代中西家具艺术

　　上海是20世纪中国最摩登的城市，当时的中产阶级对新型中西融合的家具全盘接受，他们追随时尚，感受西化，助推了海派家具的发展，这种风气逐渐在新潮的人士中弥漫开来，促成了一场家具"革命"。

## 一、清代家具的延续

　　上海城区的急剧繁荣，带来了人口的快速增长。人口增加，住房便增加，住房增加了就要添置家具。所以当时上海的家具制造业发展很

图1-14　首席公馆

左：图1-15 贵妃榻
右：图1-16 低柜

快，大大小小的红木和白木厂商有一百多家。

1918年，由杜月笙、黄金荣、金廷荪三个大亨共组了"三鑫公司"，此处正是现在新乐路82号——首席公馆（图1-14）。当时公司以做房地产为名，实质是把鸦片生意公然搬上了台面。

当时的三鑫公司白天为办公楼，晚上为社交沙龙：打牌、赌博、听戏，梅兰芳常被约来唱戏。

现在进入首席公馆大堂，看到早年的贵妃榻、矮圈椅、落地琉璃灯，头顶上是磨砂吊灯，对着有近百年的老家具，情不自禁地蹑手蹑脚起来。在这里可以看到清式海派家具发展已初具风格，榉木材料为主，在白木类家具作坊定制（图1-15、图1-16）。

当时家具的雕饰，比满工满雕的清代风格有所减弱，雕镂的手法没有变化，但花饰的内容则大不相同了。最突出的是大量引进了欧洲的涡卷纹、垂花幔纹、西番莲及夹穗纹等，这种西方花饰为中国传统雕花带来一股清新之气。花卉主题与动物主题都有所改变，这些改变凸显了当时家具的特征。在花卉雕刻上，牡丹花的主导地位让位于玫瑰花，葫芦的图案让位于葡萄。

明清家具的花饰有动物，这些动物大多是虚构的或与吉祥话语谐音的，而欧洲家具中的动物则是写实的，两者表现有着本质的区别（图1-17）。

图1-17 椅子局部

## 二、西洋家具的时尚

### 1. 20世纪初期生活环境的改变

图1-18所示是1930年孙科在上海拥有的一幢私家别墅,砖木结构,建筑风格是混合式的:平缓的屋顶、红色筒瓦覆盖,讲究装饰的檐口,平拱、弧拱、圆弧、巴洛克弧线、正立面门窗轴对称等多变的窗框形式,底层排列3扇尖拱券门,以及壁炉顶上的烟囱,像意大利文艺复兴时期的建筑形式;再从简洁、明快的外墙面看,又是美国近代建筑风格;还有传统的中国建筑元素。

那时孙科的私家别墅,底楼设有接待室、秘书办公室、大会议室、办公室等。办公室的设计又是别具一格,外空间、墙边有精雕细刻的壁炉,屋顶有厚重沉稳的横梁,木托架上那一个个牛腿做得地道(图1-19)。

别墅的二楼有个大房间,作为起居生活空间。二楼西南边的大卧室,孙科两个儿子居住;二楼西北较小的那个卧室,则给两个女儿居住。孙科与夫人的那个卧室,有60多平方米,它又分为两个部分:一部分为卧室,另一部分为起居室。

图1-18 原孙科的私家别墅

图1-19 办公室一角

别墅采用中西结合的家具,房间中的家具以黄颜色系列为主。大部分家具由上海的家具公司和作坊定制,造型中西结合,材料主要选用红木,中国的传统工艺制作。也有些家具是欧式装饰主义风格造型,用柚木材料,现代工艺结构制作,比如办公室和接待室的家具(图1-20)。

卧室家具中床的立柱采用机械加工出的柱腿造型,西式中带有中式特征;而欧式的床采用前后挡板的片子床,其上用花纹装饰,欧式色彩很浓。书房有红木大书桌、红木椅、躺椅、皮沙发、玻璃柜等。这些家具有明显的海派家具造型特点。

### 2. 经过改良的欧式家具

中国本土仿做的欧式家具,选取了洛可可风格的部分元素和装饰主义风格的造型,采用中国人喜好的红木材料,硬木混合风格的家具便应运而生了。于是市场出现了红木做工,颜色是明清家具的颜色,与那些柚木材质的欧式家具平分秋色、各领风骚,这也是海派家具特点(图1-21)。

海派家具打破了明清以来家具的颜色风格,引进了西欧古典家具与时尚家具的色彩,这也成为当时的流行色。这不仅丰富了家具的色彩,也为海派家具后期的主色调——由红转黄做了铺垫。

图1-20 海派沙发

图1-21 柚木家具

图1-22 海派陈列柜

图1-23 海派椅子

### 3. 石库门的中西融合的家具

上海是当时中国最摩登的城市。除了别墅、公寓外，石库门居住了大量中产阶级，他们是新型中西融合家具的消费主力军。他们追随时尚，感受洋化，助推了海派家具的发展。在石库门住宅中也有了西式布置（图1-22、图1-23），这种风气逐渐在一些新潮的人士中弥漫开来，形成了一场家具"革命"。这部分的消费群体又是以本土大大小小的家具公司品牌为主，加速了家具企业的发展。

# 第三节　中西融合的家具艺术

巴洛克风格风行的年代，别墅、公寓、大厦等建筑成了先富起来人们的首选，洛可可风格的部分元素和装饰主义风格为主要特征造型的红木家具渐渐成为上海家具的主要形式。

## 一、欧风艺术进入中国家具

爱奥尼柱子精美的装饰、凝重的墙体，以及檐口上巨大的山花，十分古雅，彰显着19世纪欧洲的那些岁月，也彰显着西方人士和海归人士来到中国后的美学品味。

现在的瑞金宾馆，其占地面积2 601平方米、建筑面积12 320平方米，新古典主义风格（图1-24、图1-25）。端详这幢建筑，仿佛回到了1923年。

沿水磨石的台阶向高高的二楼走去，感觉到散发出来的历史气息。推门而入，门厅里古意分明，萦绕并盘然了起来。木门、窗户、吊顶乃至窗户上的装潢，全是当时模样。时光过了90多年，但那暗红色的木门一点也不变形，足见当时用材之好。环视四周，房顶上有类似中国藻井般的装潢，窗户上则有充满了古典意趣的装饰，充满韵味。

尽管原先的六根巨柱此刻有三根被包裹在了墙壁里，巨柱的

图1-24　瑞金宾馆

图1-25　门

柱身十分斑驳,但在这个泛着暗黄色灯光的空间中,天光从更其高远的天棚漏了进来,让这个浩荡、幽暗的大空间充满了别样的视觉感受。所罗门柱式在巴洛克式建筑中是一种很时髦的旋曲柱。室内家具大量使用了这种柱式,从中可以窥见海派家具的欧式元素。中西结合开放的陈列柜采用旋柱造型,陈列着欧洲各种装饰用品(图1-26)。红木的靠背椅雕饰欧洲装饰图案中动物造型,桌子采用欧洲古典风格长餐桌形式。西方的沙发更多地影响了中国沙发的发展(图1-27)。

　　室内穿衣镜的样式也是海派特色。它借用了欧式穿衣镜的样式,又将古典的明清座屏插屏嫁接过来。中国传统家具同时吸引了外国人,他们也进行了家具上的改良,这是中西的融合(图1-28)。

左：图1-26　陈列柜
中：图1-27　沙发
右：图1-28　穿衣镜

## 二、中西融合的家具装饰

海派家具在造型上大量采用西式家具的合理使用功能部分，表面采用西方的装饰图案做雕饰，选用红木材料。海派家具中书桌的样式较清代书桌样式多，改变了书桌淡雅清纯的文房气息，增添了厚重感和华丽感，同时很大程度上又借鉴了欧式书桌的样式。可以说，海派书桌的品式是很丰富的。又有柚木材料书桌，还立面板雕花装饰等许多图案，很洋气（图1-29）。

卧房家具在海派家具中出现本质性的变化，这是由于住房格局的改变导致家具陈设观念的变迁。卧室也由"不公开"到"半公开"。当时人们对家具的观念由陈设性向使用性、实用性转变，以追求生活的舒适（图1-30）。

卧室家具所占比例最大，这些家具多以红木制成。柚木的卧室家具也占有一定比例。卧房家具的实用性很强，具有最大限度地储存东西的功能，上面的抽屉越来越多，里面的隔板也越来越多，已非原有的那种刻板、笨重的家具。

海派家具的衣柜样式较多，一般都由帽檐、柜身和底座三部分组成。在图案的雕刻方面，有的借用欧洲的图案样式，显得典雅大方；也有海派风格的衣柜，门板雕花、老虎爪腿（图1-31）。

海派家具中的梳妆台的样式很多，一般是三面镜子，中间一面较宽，两边的镜子较窄，并装有合页，两边镜子最大可呈180°旋转，它可以

图1-29　海派书桌

图1-30　床

图1-31　衣柜局部

图1-32　梳妆台

图1-33　卷草纹

图1-34　葡萄图案

闭合而与中间镜子贴在一起。中间的主镜有一转轴,可以作仰角和俯角变化,都有雕花装饰(图1-32)。

　　海派卧室家具中雕饰花卉居多,作为西式花的代表——玫瑰,大行其道。玫瑰在西方文化中有着很特殊的地位,和中国的牡丹一样,不仅仅是植物,它们都有着深厚的文化内涵与民俗意味。

　　花卉的改变是多方面的,中国传统的云纹被西欧的卷草纹所替代,明清高档家具中常见的树枝或花枝的图案则改换成细草图案。葡萄图案很多,而葫芦则少了(图1-33、图1-34)。

### 三、时尚家具的现代工艺

海派家具强调外部造型与内部工艺之统一,功能与装饰的和谐。时尚成为经典,让技术成为艺术。

家具造型与工艺的高度统一,功能适用性是海派家具的标志。使用价值是赋予家具实用性的必要条件,海派家具可作为艺术家具之范畴,工艺与设计高度统一。海派家具是时代文化,基于文化层面提升了价值,拉近了与奢侈品之间的距离。

海派家具的结构工艺、装饰工艺等都是影响造型的范畴,造型与工艺紧密相连。图案装饰与结构部件是海派家具的特色。榫卯结构、现代机械手段加工与精湛的雕刻工艺均是成就其独特造型的保证。海派家具的设计与加工技艺(设计是"源",工艺是"根")是海派家具之精髓(图1-35)。

中国家具风格甚多,地域性较为明显,造型特征差异性明显,故彼此相互借鉴也是海派家具持续发展的途径。

图1-35 装饰工艺与加工
手段统一

第二章

# 海派艺术家具的产生

传统与异质文化的交融认同、对"现代"生活和社会的认知共存，使海派家具从产生形成走向成熟，确立了以上海为代表的海派风格家具，铸就了民国时期家具的辉煌。

# 第一节　海派家具的历史背景和发展历程

## 一、历史背景

中国社会的近代化变迁始于19世纪40年代初期。

### 1. 西方家具的传入

在中国的土地上，沿海地区的一些港口城市还未被开辟为通商口岸之前，西方家具或西洋家具只在北京出现。1792年英国国王乔治一世派遣自己的表兄马嘎尔尼勋爵率使团以庆贺清乾隆帝八十大寿为名出使中国。这是西方第一次向中国派遣正式外交使节，贺礼中有炫耀西方工业文明、宣扬西方工业机械成果和文化的物品——自鸣钟，还有西方当时的家具。西方外交使团的馈赠，是西方家具传入的途径之一，让北京皇城内首现西方之家具。时隔48年后，英国就发动了对中国第一次鸦片战争，获取了沿海广州、福州、厦门、宁波、上海五个通商口岸。十多年后英法发动了第二次鸦片战争，一路向北又在长江中下游和中国北方沿海城市开辟了天津、烟台、青岛等十一个通商口岸，大量的西方侨民涌入。在港口，西方的大船运来了这些侨民生活所必需的和适宜殖民事务活动所需的来自他们母国的家具。随后因租界的设置，大清皇帝又特"恩准"这些侨民可带家眷在租界生活居住。所以西方本土的家具源源不断地从侨民的母国运抵他们各自居住的口岸，尤以上海港运抵的西方家具数量和规模为最。这是西方家具传入的第二条途径。基督教传入中国后，这些传教布道的传教士西往东来，都是由西方各国的外方传教会派遣来进行传教活动。清乾隆年间传教士郎世宁为清皇家花苑——圆明园设计了家具，也设计了精致伟大皇家花苑的仿欧建筑。这些设计深受18世纪巴洛克和洛可可风格的影响。鸦片战争前后西方殖民国家的基督教新教派遣众多的传教士来中国传教。他们涉及的地区多为沿海港口城市,在开设通商港口岸前后广建教堂广收教徒,使华人对西方宗教和西方教堂家具在认知上得到了提高,知晓了教堂里配置的家具——宝座、祭台、主教推举式椅、圣歌队席位椅、折叠的布料和皮革铺张的教会椅等。西方家具的类别之一教堂家具的传入,传教士是主要引领者。这是西方家具的传入途径之三。

大量的西方家具是用火轮船送到各通商港口的。在北方的天津、烟台、青岛等地,在南方的广东、福建,长江下游的宁波、上海,西方列强设立了领事馆,馆内需要家具;建立了洋行商号,因贸易的需要这些场合需要家具;兴办了医院、学校、报馆,这些地方也需要家具。大量的西方侨民家眷、外国公司头脑、高级的华人买办,需要家具;新兴的中产阶级和市民因高墙大院的生活环境变为洋房洋楼更需要家具的配置,所以这些舶来的家具成为海派家具探索形成之源。按西方家具传入的地理区域不同又有了津式海派、广式海派、宁式海派之分。尤其是上海这个昔日隶属松江小县城,自开埠后逐渐成为中国最大的工业城市,其家具又被称为沪式海派。最终沪式海派以其规模、影响之最,更以持续改良、不断创新,在家具领域达成了海派家具的最高成就,成为海派家具的代表。

**2. 西方家具概述**

1)西方家具基本概况

《南京条约》《天津条约》《北京条约》中开放的通商港口岸是在19世纪的中期。在西方这个时期就家具发展的历史时期而言,是属于巴洛克和洛可可家具样式之后的新古典家具样式阶段。西方家具的发展不同于中国传统家具的发展。中国传统家具是一脉相承,一种款式一种结构只是使用材质的区别和同种结构的完善问题。而西方家具的各个不同发展时期却是每一时期都有其特色,都会在家具史上留下光辉灿烂的一页。所以届时涌入的西方家具主要是以法国为代表的路易十四样式家具(亦称法国的布尔样式家具)和路易十五样式家具。路易十四样式家具是豪华的巴洛克样式,对欧洲各国的王公贵族生活方式影响极大,而路易十五样式家具是经典的西方宫廷家具,对东方各国影响极大。自文艺复兴之后世界家具中心已从意大利转向法国，而英国从历史上看与法国有紧密的嫡亲关系，届时的英国后雅各宾样式与威廉样式均属巴洛克样式。洛可可时期以英国乔治和安娜女王样式（或以英国著名家具师奇彭代尔命名的奇彭代尔样式）为代表。到了西方的新古典时期家具则以法国的路易十六样式家具和英国的亚当兄弟式家具为新古典主义时期的先期代表样式，其后期则以法国拿破仑时代的安庇尔样式为代表。在该时期的美洲，美国的殖民地样式家具与联邦样式家具也独领风骚。此外，同一时期的德国新古典主义家具也有所发展，因此在这阶段传入的西方家具主要以英法两国为主，以洛可可和新古典样式家具为主流，这些家具也是海派家具探索西式家具形式、风格、样式的着眼点。

但是西方家具的传入，从没有间断过。自西方家具的发展进入现代家具发展阶段（1850年起），在现代家具的探索与产生期（1850～1914年）、形成和发展时期（1917～1938年）及步入高度发展时期（1938年以后）都有源源不断新的西方样式传入中国。而海派家具不故步自封，同样也在吸纳这些新样式之精华，可以说自晚清起贯穿于整个民国时期，诸如德国索耐特曲木家具、英国温莎椅及美国的震颤派家具。影响最深的是西方传入的在1925～1935年全盛期的阿尔代克样式家具。这些西方家具与中国传统家具相结合，铸就了海派家具的形成、成熟并走向顶峰。

2）涌入的西方家具特征

这些具有巴洛克、洛可可艺术风格、维多利亚样式的西方家具具有明显的三大特征：

（1）家具品种齐全、分类明确，按室内功能配置家具，成套成系列。整体豪华，大件家具精工细雕。自法国路易十五时代起，由于法国宫廷及上流社会"沙龙"的兴盛，且以女性为中心。室内空间的划分按功能的要求越来越细致和多样化，所相应配置的家具也越来越丰富，家具品种齐全。一般室内功能可分为：客厅、餐厅、休息室、卧室、书房、棋牌室、化妆间、盥洗室等。客厅（由于是交流活动的场所，空间较为宽敞）配置的家具有：沙发、茶几、咖啡椅、咖啡桌、摇椅、陈列柜、穿衣镜、屏风……餐厅配置的家具有大餐桌、主人与主客的扶手椅、餐椅、食品柜、银器柜、备菜台；休息室有长椅、贵妃椅、小桌、单门挂衣柜；卧室配有高大型片子床和床垫、床接凳、床边柜、大型衣柜（一般五门、六门式）、多屉柜、梳妆台及配有宝石首饰的箱架、穿衣镜等；书房则是写字台、书柜、装饰柜以及与写字台配套的书写椅，有的还配小型单人软垫休息椅及咖啡桌，棋牌室则有牌桌、小椅、茶水柜；盥洗间有化妆柜、盥洗柜等。

这些室内功能的划分与所配置的家具，对海派家具的品种设置极有影响。中国的家具设计师则因地制宜，结合中国实际居住环境来配置家具。

（2）家具的构成特征与丰富的装饰题材。

① 巴洛克样式家具：家具的主立面运用多变的曲面和具有动感的流畅线饰雕刻。建筑艺术上的元素诸如涡卷装饰、因柱、壁柱、三角楣、人像柱等广泛应用于家具的构图中。家具的装饰强调整体结构和效果，家具表面装饰华丽、手段多样：在家具的实木表面采用涂饰、彩绘、细木镶嵌；用于装饰的材料有大理石、织物、动物骨甲、金属等，青铜镀银饰件是最显著的特征；家具的装饰图案非常多样，有涡卷式（C 型和 S 型为主）、大形叶饰、漩涡、螺旋纹、花环、不规则的珍珠等。

② 洛可可样式家具：特点是纤细、轻巧、华丽、烦琐的曲线结体。家具的构成特点是曲线加上不对称，喜用玻璃、镜面，闪耀虚幻。动植物形象为主的装饰语言，叶与花卉交错穿插在岩石和贝壳之间，脚型由 S 型三段弧线构成且下端纤小俏丽秀气。家具的装饰主要雕刻描金、线条着色、镶嵌花线，注重表面。青铜镀金的饰件是最常用的装饰件。家具的雕刻图案有植物（小花叶、小花束带丝带、球花、棕榈树、月桂树、芦苇、玫瑰花、花环等）、古典乐器（提琴、长形鼓、方孔竖笛）、生活题材（神话故事、火炬、弓箭）等。

③ 新古典主义样式家具：家具的装饰特点是用材以胡桃木为优、次为桃花心木、椴木、乌木，并充分利用木材的固有色，把这些木材有机组合起来作为家具表面装饰。装饰方法多样，以雕刻、镀金、嵌木、镶嵌、陶瓷、金属为主。装饰题材有玫瑰、水果、叶形、贝壳环绕"N"字母的花环、月桂、花束，以及与战争有关的题材：戴头盔的战士、神鹫、希腊柱头、狮身人面像等，题材五花八门、包罗万象。家具最显著的特征是脚型的改变，为显示力感脚型上大下小渐缩，或方形或圆形，表面还有凹形的刻槽。在海派西式家具中，这种脚型是最令家具设计师心仪的。

④ 属于西方现代家具时期的家具特征：就地取材、因材施艺、乡村风韵的民艺家具；强调工业化机器制作的、面向大众的曲木家具；追求实用简洁、功能化的震颤派家具；直线和曲线相交织、纤细优雅敢于运用新型材料的阿尔代克样式家具。

（3）家具的主要用材和家具色泽。家具的主要用材为实木材，树种是橡木、胡桃木、桃花心木、玫瑰木、椴木、乌木等。家具的色泽以深色系列为主，不显或略显木纹的粉红、绿色、白色。

## 二、发展历程

海派家具所经过的历程大致有三个阶段。第一阶段是探索和产生阶段，第二阶段是形成和发展阶段，第三阶段是逐渐成熟和辉煌的阶段。

### 1. 探索和产生阶段

传统的西方家具开始在上海生产，这是第一阶段探索与产生海派家具的开始。从清代西方国家的外交使节以国礼赠送的大清宫廷的西洋家具开始，皇亲贵族、权贵达人对西方家具有了最初的认知。到《南京条约》签订后，各通商口岸相继开埠，西洋家具出现于领事馆、洋行、贸易公司以及高级买办的居所，使国人首先是从洋务活动中对西方家具有了更为直观的认识，并且开始仿造西方家具。

### 2. 形成和发展阶段

20世纪初中国发生了翻天覆地的变化，清王朝被推翻了，中国人剪去了拖在脑袋后数百年的辫子。后来又掀起了新文化运动，又开始逐渐抛弃长袍马褂、大襟小袄的穿着，继而又发动了以统一中国为目的的北伐战争，西装革履加旗袍、煤气、自来水、电灯、电话、汽车、电车……这些标志着西方工业革命成果和西方文明生活的西风，吹拂着国人。尤其是上海，新兴的中产阶级居住环境发生了根本性变化，追求西方家具在室内陈设已成为时尚，掀起了家具革命。适应上海市民居住环境而改良了的西方家具得以生产，即海派家具形成。自20世纪30年代起，连普通的上海传统家庭也开始接受西方家具，西方家具供不应求。所以在这个阶段，上海的新兴中产阶级，对西方样式的家具不仅推崇，更萌发了设计更适合自己居住使用、更能满足自己喜好和观赏的与传统文化结合的、中西合璧风格样式的家具。使西式家具进一步本土化,传统中式家具趋向欧美化。

### 3.逐渐成熟走向辉煌阶段

20世纪30年代,中式传统家具的西化催生了海派摩登红木房间家具。西方古典样式家具经过数十年的改良变革,从材料、工艺、涂饰、五金装配件等方面都有了较以往更大的变革,西方时新的家具也在持续传入,积极应用新材料、创新家具的样式和结构、融合我国民族特色的流线型家具产生,这就是海派西式家具的民族化。这标志着海派家具已经成熟,已经从时尚走向经典。1941年建立的上海西式木器同业公会,旗下已拥有大大小小西式家具制造工厂、作坊270余家,家具商店也遍布全市。这在各通商口岸、南北方辽阔的地域中首屈一指,也成就海派家具以上海为标志的龙头地位,确立了海派家具为民国时期家具的经典与辉煌。

# 第二节　建筑与住宅的变迁推动
# 海派家具的形成

## 一、新兴建筑的营造启迪了西方与东方家具的交融

通商口岸的相继开埠,使北方传统的高墙大院诸如京城的四合院、天津的三合院、江南水乡的平房小楼、南方传统的骑楼民居都被西式洋楼所取代,使各口岸从小村、乡镇走向了真正的城市之路,尤其是首批开埠的口岸。上海开埠最早,新兴洋楼拔地而起,数量最多,中西建筑艺术风格交融最为显著。

1883年8月1日建成的英商上海自来水厂(图2-1),由英商休斯敦公司建筑师设计。当时自来水可日供十五万人饮用。自来水的供应彻底改变了上海居民饮水靠河靠井的生活习惯。1865年11月,英商在上海最先建立了人工煤气厂(图2-2),水和燃气两者相结合,极大影响了上海市民的原有生活方式,让上海的市民接纳了西方生活的文明,更在众多西洋建筑中领悟了"时尚"。

上：图2-1　英国哥特式风
　　　　格建筑——原
　　　　上海自来水厂
下：图2-2　原上海杨树浦
　　　　煤气厂

看一下被誉为万国建筑博览会的上海外滩建筑。外滩的建筑中
国人称为典型的洋楼,而对西方人而言已经是改良的房屋了。外滩地
段的五十多栋建筑,诸如原怡和洋行(上海开埠后最早的外滩建筑)、
原其昌银行(1860年建)。上海汇中饭店(现和平饭店南楼)是典型
的文艺复兴风格,是上海最早安装电梯的多层建筑之一,如图2-3所
示。还有1910年建造的原海关大厦和极具阿尔代克风格的原沙逊大
厦,都是正本清源的欧洲样式予以改良、并与东方艺术理念相结合的
结果。这些建筑有的是英国维多利亚女王风格,有的是哥特式风格,
有的是地道的古典主义,有的是巴洛克式风格,有的是新古典样式,
有的带有强烈的英国殖民主义情结和浓厚的印度情结,有的是古希腊
风格……人们说建筑是艺术之母,有了建筑才有室内空间的概念,有
了室内才会有家具的内涵。这些西方建筑犹如传入的西方家具,在东
方、在上海的土壤——新兴的发达商业社会,中西交融、华洋杂居。新
兴市民立异追求时髦,不承原味又善于细节的变更,没有陈而又陈的
迂腐观念,必将孕育着西方家具传入后的家具形态——海派家具的诞
生,即西方家具本土化。西方建筑设计师,在外滩的建筑设计中亦运
用了东方元素:中国的小青瓦、万年青花饰、蝶纹、回纹装饰……促使
海派西式家具的设计上也采用此番手法。外滩建筑中的中国银行大

图2-3 首家安装电梯的
汇中饭店

楼值得一提（图2-4）。中国银行大楼由英商公和洋行与中国建筑师共同承担设计，于1935年建造。大楼的中国味极浓：一对石狮相望守楼，大门前取"九九归一"之意铺设台阶九级，台阶用花岗石铺就。大门上方镶嵌石雕却是中国儒家之祖孔子周游列国图。大楼外墙表面是平整的金山石镶嵌，采用蓝色四方钻尖顶作屋顶、檐下饰巨形石质斗拱、栏杆花式窗采用中国传统形式……中国银行大楼在林立的外滩建筑群中又是如此和谐。这种设计手法，启迪着中式西做的海派家具，也就是中式家具的西洋化。

图2-4　中西合璧的中国
　　　　银行大楼

除了外滩的建筑，在租界的范围内也大兴土木，高楼林立，促进上海向国际化都市迈进。比如1917年建造的先施公司（图2-5）是上海近代第一家时尚的综合性环球百货公司，大楼内安装了刚刚引入的室内供暖系统。1932年重建的上海仁济医院（前身是上海1844年2月首家教会医院）是一幢现代派建筑风格的医疗大楼。1933年建造的大陆商场是典型的装饰艺术派风格，1934年建造的中汇大厦体现了美国近代化建筑风格，如图2-6所示。还有七重天大楼、上海大世界（1917年创办，1924年扩建）、百乐门舞厅、国际饭店、中央造币厂（1922年建成厂房）、法国总会（1927年竣工，图2-7）。这类建筑中西合璧，如同在上海西装革履与大襟小袄长袍共存、马骡板车和汽车兼容一样，这就是上海，这就是海派。所以从家具的意义上分析，西方家具的传入同这些西方建筑一样，西方家具与中国传统家具并存且各具特色，催生了海

左：图2-5　首家室内供暖系统的先施公司

右：图2-6　美国近代化建筑风格的中汇大厦

图2-7　1927年建造的法国总会（凡尔登花园）

派家具的形成与成熟，处于东方和西方两种文明交会汇聚点的上海必然会铸就海派家具的辉煌。

## 二、住宅和居住环境的变化确立了海派家具的形成

### 1. 住宅环境的变迁

通商口岸的开埠，西方侨民的大量涌入，大清皇帝恩准西人之家眷可同来入住租界，强大的移民潮加上晚清时洋务运动蓬勃发展，接受西方工业文明和西方现代生活方式已趋必然。人们的住宅形式和格局、居住的环境和室内空间功能发生了根本的变化。这种变化对于室内空间家具的配置乃至家具形态、风格与形式的影响，使海派家具的形成已是水到渠成的事情。

西方侨民涌入后，上海的新兴中产阶级市民和侨民的住宅有何变化呢？主要是兴建了别墅、花园洋房和上海特有的石库门建筑。西方的外国领事、洋行商行的头脑、本土的洋务买办、新兴的权贵阶层，他们所居住的住宅就是新建的花园别墅洋房。这些建筑也非西方原汁原味的形态，而是西方建筑来到东方后予以改良了的建筑，更多的是中西合璧式的别墅型住宅。除上海的租界外，在天津、青岛及南京等

地官方和私人也兴建了数量众多的这类建筑,涉及了政治、经济、文化等社会生活的诸多方面,类型齐、风格多,这类建筑大多建立在租界内。在西方生活熏陶下的租界,东方人最易接受迎合西方的生活方式,华洋杂居而互为渗透。且看这些花园洋房别墅,大多设有大而宽敞的客厅(也叫起居室),以供主人的起居、休闲、会友交流的需要。以餐厅为例,西方人就餐是西餐,或称大餐,与刀叉相配,多分食而为。而中餐传统形式是一家人团团围在大圆桌或正方桌边就餐。卧室内东西方就更不同,中国传统的床是架子床,三边围合单边入床。西方人则用片子床,可在铺面两边都可上下,极为方便,且卧房面积可设置较小。书房内,明清时期书房是兼为文人之士的卧房,书房中摆放床。民国时书房弃床却兼会客。西方人在室内专辟有如厕空间,配有抽水马桶,而传统的东方住宅中则无此安排……花园洋房内有清晰明确的室内功能区域划分,为当时城市居民的生活方式带来了改变,新兴市民的居住革命必将到来。

### 2. 上海所特有的石库门建筑

讲述石库门建筑还得先叙叙北方的四合院和南方的骑楼。人们的栖息居住形态与住宅建筑关系最为紧密。住宅形式和生活习惯、生活方式密切相关。住宅形式或自成一体且封闭,或集散相间,或相对独立兼容杂居。这些在西风劲吹的时下深深地影响着人们,或承袭传统,或改良现状,或崇尚时髦,东西交融拥抱现代。中国北方沿海的京津地区,四合院是经典的北方民居,也是北京最有特点的居住形式,历史悠久,京味十足。所谓四合院就是用高高的围墙把东西南北四个方位围合起来形成一个"口"字。大门则辟于宅院东南角八卦中的巽位。四合院以用房屋围合的庭院数量为基本单元,即用四面房屋围合成一个院落的称为一进四合院,围合成两个院落的为二进四合院,余类推。可见四合院是个封闭性极强的住宅,私密性浓浓,关起大门自成天地。一般以一个家庭或同姓的一个家族居住在里面。宅院内北房三正两耳有五间,东西房各三间,南屋不算大门有四间。进了大门洞入垂花门共有十七间,占地面积大、建造复杂,一般房间面积起码有二百平方米以上。宅院多以青砖灰瓦饰之。而在南方,广州、汕头、开平、海口、梧州及闽南等沿海城镇气候炎热、多风又多雨。尤其潮州又建成了铁路,古城经济繁荣、商贾林立,所以把通往城门的街道逐步改造成既遮阳避暑又能防风躲雨,更方便顾客挑选商品和行走的骑楼式街道。所谓骑楼,底楼有柱廊骑楼底,有三至四米的净空高度,建筑一般为二至三层,沿街则以商铺居多。骑楼柱距多为二至四米,一间距就是一商铺,楼下铺面楼上居住,大多以开间(间距)为单位。骑楼形式流行于东南亚,在广东则把仿希腊、仿巴洛克、仿哥特等欧亚建筑混合起来。特别是骑楼底部的柱的装饰多用简单浮雕花纹,即中国传统的龙凤松鹤、荷花莲藕、梅兰菊竹、回纹圈绳、福禄寿等装饰,既闪烁着中国南方近代商市的雍容华贵,又显露出东方巴洛克风格的浪漫辉煌。所以南方的骑楼有都市的风情,有历史的厚重,多了些文化底蕴和精美的韵味,中西结合尽情展现。俗话说北方是粗犷的浪,南方是婉约的风,上海则是精致的装。北方居所以家族为基础,南方的住宅以家庭为单元,而上海的弄堂石库门则是多个不同家庭的集聚住宅。五花八门、三教九流汇合在被称为"七十二家房客"的石库门里。石库门是上海新兴市民最重要的栖身居所。

### 3. 石库门建筑促使海派家具的形成

晚清太平天国运动、上海小刀会起义,造成了江苏、浙江一带大批的难民潮。汹涌又澎湃的难民潮冲垮了当年上海道台设置的"华洋分居"的藩篱。为迅速安置来自长江三角洲的难民,租界当局推出了大批的简屋——未来上海最重要的民居之一的石库门雏形。石库门建筑大致经历了三个时期。第一代石库门始建于1852年,平面设置既有中国传统江南民居成分又有明显的西方联立式住宅布局的方式。石库门建筑多为二层,大门最早是一整块可移动防火又防盗的大石板。后来将门改成两扇漆成黑色的厚厚木板大门,门上配有一副铜环或铁环,门的周边用花岗岩或浙江宁波产的红石作为门框。门头上砌成半圆形或长方形等并配有凹凸的花纹装饰。这些元素的组合成为石库门建筑经典的标志,石库门的命名亦由此产生,如图2-8所示。石库门的造价比欧美的洋房低廉得多,且占地面积远比四合院少。所以一经问世就很快流行于上海老城厢的内外与近郊一带,以至遍布全市。这种始于1852年,延续到19世纪70年代直到20世纪初期的石库门建筑称为第一代石库门建筑。第二代石库门建筑总体布置、设计及建筑装饰都较之第一代石库门有很大的变化和改进。诸如相邻的

图2-8 上海特有的石库门建筑

石库门之间排列更为整齐,弄堂宽度加宽。单体设计上有三开间两厢房、单开间一厢房或双开间一厢房。建筑细部的栏杆门窗、扶梯柱头发卷全采用西方建筑装饰手法。屋檐口安装了白铁落水管。成排的石库门聚合成弄堂,以"里"或"坊"冠名。当时的虹口、杨浦、南市约有两千多幢这类的石库门建筑。第三代石库门建筑是1918年到1938年之间建造的。在这二十余年的时间里,上海社会的商业味更浓,呈现了都市的现代性。此时所建的石库门垂直向上,由原来的二层升至三层,外立面上的西方装饰艺术派细节比比皆是。更为显著的是安装了抽水马桶,有了现代意义上的卫生间或盥洗室的室内功能的划定,如图2-9和图2-10所示。这标志着西方物质文明的不断扩展使中产阶级市民的生活质量得到了提升。此时的石库门建筑布局大致定型,即进入石库门底层必有天井,两边或单边设厢房,每厢房又有前、中、后厢房之分。一般在厢房后部设有卫生间及车库(小汽车的拥有已扩展到中产阶级市民了);天井的中间部位是客堂,也有隔成前后客堂的,穿过客堂临后门处是灶间。灶间与客堂之间有楼梯,二楼是以前楼为主伴有厢房;二楼北部区域则为亭子间,三楼又是前楼、厢房、大晒台;三楼之上或配有称为阁楼的三层阁,为确保其采光,还有独特的

图2-9　上海第三代石库
门建筑

　　老虎窗。这样的格局为室内空间的划分和室内功能的限定提供了基
础。石库门建筑,尤其是第三代石库门所居住的对象一般都是上海滩
高级中产阶级人士、社会贤达及名流。譬如1923年在法国租界内著
名高级石库门里弄梅兰坊、瑞华坊等,不仅高达三层,内部空间均安装
了时髦的抽水马桶、自来水、煤气、热水汀等设备;而且石库门的外部
都是清水红砖、阿尔代克风格的立面装饰。这类石库门的主人往往独

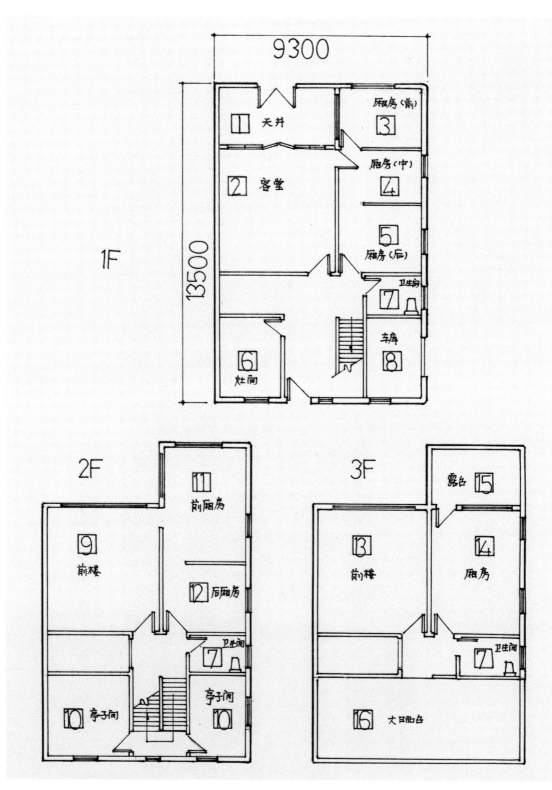

图2-10  上海第三代石库门平面图

占一栋或数栋，如上海当时的枭雄大亨黄金荣。室内空间的划分与洋房媲美，一般设有客厅、厨房、餐厅、书房、卧房、卫生间、孩儿房、佣人房、工作间等，具有了现代文明化的室内功能规制。石库门建筑居住的主流阶层先是上海本地生活相对优裕的中产阶级；紧随其后的是经济稍宽裕的市民、小商人、商店高级职员、公务人员或洋行底层职员及家属等。社会各阶人员在石库门建筑中或占有某一层或租用某一间，不享有独立多居室，但可共享西方现代文明的生活。

石库门建筑是自上海1843年11月17日正式开埠以来，最为深刻影响市民生活方式的建筑形式之一，它早期庇护着逃避动乱和暴力的江南中产阶级，还让他们的后代作为这空间的生命主体和新的文化主体而得到延续。石库门和生活在这里的人们为迎合西方文明带来的生活又不忘自己是中国人的情愫，在这居住空间里配备必不可少的生活器具——既有西方风格又有中国民族传统元素的海派家具。石库门建筑和新兴市民促成了海派家具的诞生形成，并助其成熟与繁荣。

第三章

# 海派家具的设计、
# 制作及经营模式

海派家具的鼎盛期应该在20世纪的30～40年代，具体说是在1932～1945年期间。海派家具的辉煌由海派现代西式家具和海派红木摩登家具两部分构成，即在所谓的西式家具本土化和中式家具西洋化的过程中在家具艺术上的最高成就，也铸就了民国时期家具的鼎盛。在这样的背景下，我们就可以梳理出关于海派家具的经典，诸如海派家具的设计理念、风格样式、装饰艺术和精湛的制作技艺及其在家具史上值得肯定的辉煌。

# 第一节　海派家具的设计

就家具的本身定义所涵盖的内容可知：家具是基于人类生活必需所产生，是随着文明的进步而完善，社会科学的发展而发展，具有超出家庭狭窄使用范围，被普通广泛地使用，凝聚了地域的、民族的、传统的、文化艺术的、时代的、社会的各种因素，并互相穿插、交融、渗透、结合，具有物质和精神功能。实用、功能、舒适是设计必须考虑的第一因素，仅此还不够，还要有观赏、审美的精神功能。故必然在形态上要体现艺术，手段上必然有装饰处理，只不过有个度而已；否则可能无法被认定为"家具"。因而对于海派家具而言，也应遵循这一条法则。如称其为"海派艺术家具"或"海派装饰艺术家具"，还不如称之海派家具更为切题明了。

## 一、海派家具的定义

### 1. 海派家具定义的五要素

给海派家具下一个完整的定义，必须考虑下述五个因素，即一是源头，二是内涵，三是特征，四是动态，五是区域及代表。具体说，源头：通商口岸开埠则西方家具传入。内涵：西方家具在仿制中涌入海派特色，成就了海派家具经典，中式家具革新中吸收西方元素，成就了摩登红木家具这样两个方面。特征：中西合璧、兼容并举，或是不中不洋、中洋结合。动态：特指不是单纯模仿形态、仿制，而是由仿制加入东西艺术元素结合，勇于运用新材料和敢于对传统的结构进行改造，探索生产方式由手工走向机械生产的趋势。区域及代表：有海派家具的泛指，如北方地区的天津海派家具、南方的广东海派家具、长江三角洲地区的上海海派家具。因为在各通商口岸相继开埠之后都有西方家具传入，在对西方传入的家具修缮、仿制阶段，影响到各自口岸的周边地区，这也是海派家具广义性的体现。比如广式海派家具，由于广州是中国对外贸易和文化交流的重要门户，是最早的通商口岸之一；而且西方传教士大量来华，较早地传播西方的一些先进科学知识，促进了中国经济和文化艺术的繁荣；也是贵重木材的主要流转地和产地；因此广式家具一般料大粗壮，而且家具是清一色的同木质，多数不用漆饰，木质全裸。广式海派家具善于雕刻，装饰花纹雕刻深峻，刀法圆熟，精磨细工。广式海派家具的概念是以中国传统工艺制成家具后，再用雕刻和镶嵌等工艺手法装饰西洋花纹。这种西洋花纹是俗称的"西番莲"花纹，形似牡丹，根据家具的不同形态以一朵或多朵花为中心，向外随意伸展枝条，又称"西洋菊"纹样。

在兴建圆明园时，清政府不仅每年向广州定制大批西方巴洛克风格和中西结合样式——海派风格的家具，还从广州挑选大量的优秀工匠进京。广州工匠还从西方承袭了玻璃油画技艺在屏风家具上作业。天津地区三合院建筑，其家具的制作方法属京作范畴。北方气候寒冷，家具的形态、材料选择京味十足。京城固守传统特性凸显，而天津是九国租界，中洋混用，各行其道。上海则对家具更注重人体功能、精工细作、讲究柱式，特有灵气，多由江苏的苏作和浙江的宁作工匠制造。上海由于特殊的地理位置，为最早开埠口岸之一，人口众多，华洋杂居，现代建筑和石库门建筑中西合璧。海纳百川，追求时尚，勇于实践、创新——如此的上海，其海派家具的演化，经历了复制、互补、改良，无愧于海派家具的缩影和代表。

### 2. 上海海派老家具

海派家具是以西方古典风格家具为基础，借鉴英法等国17～19世纪乃至近代的经典家具构成和装饰题材，在从纯西方传统形态转向仿西式和中西合璧式的过程中，不断融入东方设计元素，融合海派地方特色，吸收不少西方艺术要素，兼容并举，实用，舒适，既重功能又精致，以上海为代表的符合东方审美心理和情趣，与时俱进的家具样式，也就是俗称的上海海派老家具。

## 二、海派家具的品种

随着江南民居、北方四合院、南方的骑楼逐步被西洋的花园洋房、公寓式住宅、别墅,尤其是上海的石库门建筑所取代,人们对住宅环境的室内功能划分和确定越来越认同西式化。随着新兴市民对西方现代生活的推崇和对新出现的海派家具青睐,在海派家具成熟发展的阶段,其门类几乎涵盖了人们生活的需要,品种越来越细化。一般住宅内的室内功能空间划分为客厅、餐厅、书房、卧房、子女房、佣人房、工作间、厨房、盥洗间、化妆间等,空间内相应配置了与功能相适应的家具,具体细述如下。

### 1. 客厅

一般空间较为宽敞,客厅与进户部之处是玄关,设置衣帽伞杖橱,如图3-1所示,以便于主人或客人进入客厅前挂衣或因雨而放置伞。至于杖估计就是手杖,也称文明棍,在那时是男士绅士派头的标配,这衣帽伞杖橱就是海派家具的典型。进入客厅,通常配置的家具有沙发,视客厅空间大小来选配单人的、双人的、三人的沙发,如图3-2所示。围合成U形,中间设茶几或咖啡桌(图3-3)。

上:图3-1　玄关的衣帽伞杖橱

左:图3-2　客厅的海派沙发

上左：图3-3 客厅的咖啡桌（茶几）

上右：图3-4 客厅的陈列柜

客厅往往展示主人的喜好和艺术品、工艺品、纪念品等与主人身价相匹配的陈设品，故客厅往往配置陈列柜（图3-4）。

### 2. 餐厅

餐厅是用餐空间，有的主人尽管不喜西餐但陈设还是用西餐的大餐台，并配有西洋格调的椅子。餐椅分为带扶手或不带扶手的，带

图3-5 花式众多的椅子

上左：图3-6　银器橱
上右：图3-7　流线型的书
桌与书写椅

扶手的是主人和主客的专用椅。海派家具中椅
子的花式最丰富，如图3-5所示；还有银器橱、
备菜台等家具，如图3-6所示。餐厅的设置中有
的主人还设有中餐厅，按来客的不同而用不同的
餐厅。

### 3. 书房

　　书房有兼会客功能，主要指主人有重要客人来
访时予以会晤之处，设置的家具有书桌、书写椅（图
3-7），还有书柜、陈列柜、小型座椅、咖啡桌等。

### 4. 会客室

　　这是在花园洋房内设置较多的一种会客场合。
除客厅外会另行设置主人特邀的客人或主要客宾
来商议洽谈的一种室内空间，其内主要设置椅、小
型沙发、茶几等家具。

### 5. 卧房

　　卧房是属于私密性极强的生活空间，往往以
海派西式的家具陈设之：宽大的片床加上席梦思
床垫，床尾处设有床接凳；床的床头部两边各置
床边柜，如图3-8所示；并有规格很大的宽幅面
的大衣柜、梳妆台与凳、沙发、挂衣架、小憩的摇
椅等，如图3-9所示。尤其是梳妆台，视卧室空

图3-8　卧房的床与床头
柜、床接凳

左：图3-9 摇椅
中：图3-10 盥洗室的洗
脸台（盥洗柜）
右：图3-11 改良的海派
西式组合温
莎椅

间大小，规格各异，款式极为丰富。

### 6. 盥洗间

20世纪的20～30年代新兴住宅建筑，尤其是第三代时期的经典石库门建筑内，辟出了专为漱洗用的盥洗间，其间安装了时髦的抽水马桶，这样洗脸台家具和盥洗柜家具也应运而生，如图3-10所示。盥洗室空间的划定，标志着上海新兴中产阶级的市民，已从传统的生活方式跨入了西方现代文明的生活方式。

### 7. 厨房

自来水已是人们习惯的取水方式。由于人工煤气的应用，厨房在住宅中也有了自己的特定空间，厨房家具也随着生活的必需而诞生了。

### 8. 其他

当然按主人拥有住宅的大小，有的也相应划出室内必需的空间，如佣人房、工作房、孩子房等，均配有时髦家具。有的规模相当的花园洋房里的大草坪中配有户外庄园家具，最多的是最具民艺风格的英国温莎椅传入中国后加以改良后的组合儿童用椅，是海派西式家具不可多得的家具珍品，如图3-11所示。

## 三、海派家具的设计理念

纵观海派家具，其设计理念可以从设计目的、重视功能、强调实用、追求舒适、推崇时尚、敢于改革、探求创新来加以分析。

（1）设计目的。海派家具是为了生活的需要而设计，使家具富于情感，适应生活功能的需要和满足精神上的祈求，将生活艺术设计和生活本身需要紧密结合的设计。

从西方家具的不断传入，到社会风气的变更，从新型现代建筑的林立，直至花园洋房、别墅的大量出现，人们的生活形态发生了翻天覆地的变化。20世纪的前30年，清朝被推翻，新文化运动的蓬勃发展，国民革命的轰烈，社会的变迁，城市化进程的加速，人们居住空间的变小，使得迁徙性增大。城市新兴中产阶级对现实生活的追求，对生活必需的家具予以革新的需要，显得更为迫切。如何满足现实的生活需要，家具设计已提到了人们的日程上了。

（2）重视功能。家具的功能性是设计目的，但又与室内空间密切结合。由于建筑和住宅的变迁，人们按一定的生活方式和习惯，先对既有的室内空间予以功能区域的确定，再以此为基础对家具加以配置。这就是以使用功能来划分系列家具，如客厅家具、餐厅家具、卧房家具、书房家具……就别墅而言，相应的各室内功能区域面积较大，配置家具可以结合室内面积来定。而石库门建筑一般是以客厅为起居室，有的还把客厅分为前后客厅，这样配置家具就更应因需而定了。餐厅以就餐的主要功能配置家具。西餐为主的长餐台周围可配座椅，座椅可有扶手软包，也可藤面的；至于银器柜、配菜台可按居住条件来定。卧房是居住环境中最私密之处，床是主要家具。一般的石库门建筑的卧室，大致配置衣柜、床边柜、梳妆台等，为了休息也有配置摇椅的。书房以室内功能而言则少不了写字桌、椅、书柜。盥洗室或卫生间配置的家具就是洗脸柜、台面架（就是放洗脸盆的小桌）、化妆小柜等。海派家具设计重视功能，就是要按室内功能的空间来配置相应的家具，家具的数量多少应以室内区域的面积来定。

（3）强调实用。实用是家具所必备的因素。比如，传统卧室内的床多为拔步床、架子床，都是四周有围栏，庞然如建筑物，这是传统卧室封闭格局的特点。显然这种传统床的形态因为居住空间变小而变得不适应，所以西式家具中的片床就越来越被人们所接受。因居住面积的限制而选择这种床形，更强调实用性。又比如衣柜，最初西方家具中的衣柜均为大型的，如五门衣柜、六门衣柜，是庞然大物，这种体量家具用在别墅内还算可以,但是用在石库门建筑内就显然不太合适了。传统的中式家具存放衣服以箱为主,是用叠放的方式,而西方家具以悬挂为主,使用方便。既然有如此的优点,人们又喜欢、认同这种储物方式,所以要在传统衣柜设计中加以改造,把体量庞大的衣柜,改为三门形式为主,中间有试衣镜,而又保留了五门六门衣柜原有的功能。更为重要的是改变了家具难以搬动的环境限制:常用分体拆装的方法,把家具分为顶帽、柜体、脚架三大部分,这样化整体为局部,利于运输搬运,又方便安装。这就是所谓的海派家具中"穿靴戴帽"的三段式(图3-12)。海派高型家具:衣柜、陈列橱、银器柜等都如此设计。若有的居住面积放不下三门衣柜,海派家具设计中又增设了新品种,集挂衣、储衣叠放、陈列为一身的四用橱(图3-13),根据室内生活的需要又增设了角柜、角架、穿衣镜、床接凳等家具。梳妆桌台在传统家具中也存在。传统的梳妆台如小方匣,正面对开两门,门内有数个小屉,台上四面装围栏,前方开口,后侧栏板内竖小屏风,正中放铜镜,镜架精美,有木制宝座式和五屏式镜台。而海派家具中的梳妆台设计强调满足人的生理、心理需要,使用与美

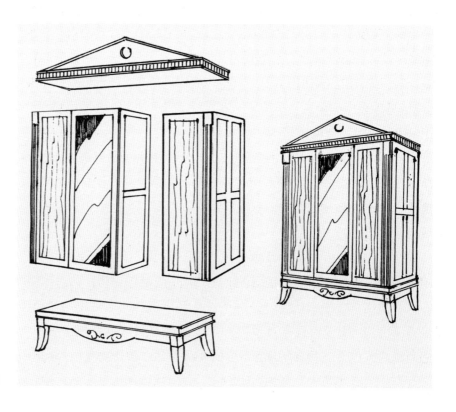

图3-12　大件家具的分拆

观的协调,造型设计有豪华、古典、实用三大类,有独立式和组合式两种。独立式深受崇尚自我、喜欢随意的女士喜欢,大空间居室尤为适用;石库门建筑内住宅则组合式是首选,与其他家具组合利于节省空间。综上所述,海派家具的设计注重实用,这实用的概念是家具本身与室内相匹配的结果,从而增加了新的家具品种。

(4)追求舒适。海派家具中相当讲究舒适性,明显地表现在床具、沙发、椅类的家具品种上。

西式的片子床与席梦思床垫的组合彻底颠覆了中国传统的床具。1932年席梦思床垫由美国运来制床机器设备和制造材料首次在上海生产。到1935年人们开始使用国产的安眠思品牌床垫,床垫就迅速进入了上海中产阶级以上的家庭。席梦思床垫的设计必须考虑床与人体生理机能关系,使人上床能尽量入睡且要睡好,床垫是由不同材料搭配的三层结构组成。它上层因与人体接触选用柔软材料;中层为较硬材料;下层是承受压力的支撑部分,用具有弹性的包布钢丝弹簧组成。席梦思床垫也是西方舒适豪华生活的标志之一,这与传统的中式架子床与棕棚组合的床具不同,所享受的舒适与美感得到了很大提升。

沙发类家具为了追求坐感舒适且符合人体功能尺度,选用制作材料显然最为重要。海派家具中的沙发非常注重处理这两方面的关系。沙发的坐面属于厚型椅面,一般底层绷带,中间弹簧,再铺麻布、棕丝、麻布,上层为树胶海绵,外包面料复合组成。沙发座面设计还有一种可脱卸的单列坐垫,称为"可松"。如毛全泰木器厂有一个唐吉生师傅,沙发加工手艺高超,所包装的沙发外形饱满,针缝均匀、整齐,坐感尤为舒适,弹性适中,站起后沙发表面不陷,复原挺括。好的沙发货真价实,内部材料填充料绝不掺假,麻就是麻,棕就是棕,弹簧选择讲究。外包面料也很讲究,有牛皮、丝绸、亚麻布,也有布艺,按客户选择而定,堪称海派家具沙发的经典。由于沙发外形美观、时髦,深受市民的喜爱,所以仿制家具作坊较多。有的作坊以次充

图3-13 多功能的组合用途柜

好,用棉花胎、刨花代替树胶海绵、棕丝、麻布。尽管沙发外表很相似,但一坐就塌,良莠同存。除了沙发品种外,用于休闲的贵妃沙发床也进入了市民家庭。

椅类家具,在海派家具设计中数量最多,品种最多,花式花样层出不穷。软包座椅中有带扶手、不带扶手的,各款软包梳妆凳、琴凳,加工工艺如同沙发都强调坐感为上,椅背与人脊椎曲线贴合,扶手间距尺度疏密都有规定。还有软硬兼具的双面椅、硬面座椅,如同中式座椅,其尺寸由设计师参考人体尺度予以设计。客户定制设计也不少,可以为客户量身定制在毛全泰和水明昌的公司内是一条约定成俗的企业经营之道。海派的椅类家具和传统中式椅、凳、几类家具坐感的舒适度是不同的,这也是市民普遍接受海派椅类的缘故。

仅从床类、沙发、椅类等海派家具设计中可以看出,追求舒适是其设计理念非常重要的组成。

(5)推崇时尚。受西方文化影响,人们对居住的室内环境和陈设有了不同以往生活方式的新要求,对西式家具进入家庭的愿望也越来越强烈。追求时尚,讲究气派和时髦也成为平常市民的心理要求,所以海派家具的设计推崇时尚,已成为其设计的理念之一。

那么到底在生活中发生了哪些变化呢?举例来说,玻璃这种新的工业材料在海派家具中被大量使用,比如应用在陈列柜上。因此,厅房的陈列柜设置显然更加洋气、时尚,充分显示了西洋家具的通透美。应用在装饰陈列柜上的玻璃规格厚薄均有,花式较多,有彩色玻璃、异形玻璃、镜面玻璃(也称银光玻璃),有平边、车边、异形车边的玻璃用在穿衣镜上更显气魄,凸显时尚。沙发彻底颠覆了以往拘谨的坐姿,是中国坐具由筵席转向高型坐具后又一次变革。而沙发多以牛皮为面料,尽显华贵。凡在家具中能体现西方工业革命成果的机械构件均为时尚,如红木摩登书房内配置有丝杆转动装置的红木转椅,就成了部分人群的最爱。在卧房中变化最大的是时尚的片床普遍取代了封闭格局的架子床,以悬挂方式的衣柜取代了以叠放为主的箱柜。大衣柜中的试衣镜和进出卧房边的穿衣镜摆设,加上因片床而产生的床边柜都出现在卧室中。梳妆台在卧室中越来越受女主人的青睐,这样格局的卧房西洋化更浓,也更贴近了西方时髦的现代生活格调。

此外海派家具中还有躺椅、摇椅等新品种在时尚的劲风吹拂下，不断地涌入市民家庭中。

（6）敢于改革，探求创新。海派家具自西方家具传入，从拿来主义的模仿制作到强调东西文化交融、设计元素的相互渗透，进而对西方家具在结构上加以改良、在材料上不断地创新、在家具形态上不断地探索，这是海派家具生命力的展现。所以敢于改革、勇于探索、富有创新的设计理念，让海派家具走向成熟，直至鼎盛。

进入20世纪后，欧洲工业革命的成果不断，新材料新工艺不断地涌现：玻璃材料大量地用于家具中，大理石、瑰丽的釉石瓷板、马赛克材料也出现在家具中。家具制作机械化越来越体现家具生产的工效。大理石镶嵌、嵌木工艺的应用，马赛克艺术等在海派家具中频频出现。尤其是人造胶合板的应用，使薄木制作技艺得到了飞跃的提高。在这种崭新的形势下，以钟晃先生为首的中国家具设计师们，勇敢地对西方家具的用材进行改革，用胶合板为基材，以薄木艺术复贴为手段，从此海派家具进入了非实木制作的阶段，开创了家具用材的多元化。钟晃先生还大胆地把椅子木扶手改为具有时代感的金属扶手，五金装配件中使用暗绞，使家具的门面更为完整；在家具制作工艺上，改变了西方家具的传统结构，在胶料使用上一改传统动物骨胶，用上了化学合成胶，在家具涂饰上首先使用了化工合成涂料；并创新设计了既有中国民族韵味又有西洋气魄，线条更为清晰的流线型海派家具，极大地展现了家具外观美，为开创海派现代家具作了可贵的探求和创新。

样式的日新月异，做工的精益求精，现代红木摩登家具与柚木为代表的西式家具并驾齐驱，铸就了海派家具的鼎盛。

## 四、海派家具的设计风格

（1）海派家具的设计风格之一：造型吸收西方样式，但不拘泥于特定的某一时期样式风格。只求神似，不求形似。

海派家具的造型是对西方历代经典家具风格的适度应用。尽管海派家具分类已明确，比如家具基本有橱柜、床榻、凳椅、几架、屏风、桌台等，品种也相对齐全，但纵观基本造型是西式风格。而这种西式风格在设计上打破了西方各历史时期的界线,糅合组合:文艺复兴时期遵循的对称艺术原则、巴洛克时代仿建筑样式和西方经典柱式的建筑语言在家具上均有体现。洛可可时期纤细秀美的曲线造型,安庇尔(新古典主义)时期有节制的青铜镀金饰件与独特色泽;新古典主义时期西方著名家具设计师所创造的样式,得到了系统分析、选用、组合和改良。经海派家具设计师设计的家具是改良后的统一造型,故人们一眼望去,只觉得家具件件欧味十足,但又说不上哪一历史时期的样式,总体感觉是那样的雄壮又优雅,华贵又婉约,这就是海派家具的风格之一。

(2)海派家具的设计风格之二:善于运用多元的东西方文化和艺术的设计元素,只求合适,混搭成形以求构图和谐。

这种设计风格主要表现在对家具的装饰题材上的多元复合叠加。西方文化艺术中的设计元素大致有均衡对称壁柱式建筑语言(如经典的陶力克表达雄壮的柱式、爱尔尼克象征女性的柔美柱式、科林斯犹如少女妩媚的柱式以及爱尔尼克和科林斯相结合的充分表达女性之美的混合型柱式),有表达力量动态的波浪、涡卷,有橡树、棕榈树、月桂树、橄榄树叶、莨苔叶、唐草等叶饰,还有贝壳、珍珠、花环、缎带、乐器等图形,牛、狮、虎等动物形态……东方文化中的艺术设计元素,在海派家具中运用较多的有宝瓶、石榴、葡萄、葫芦、麦穗、松鹤、龙凤、如意、牡丹、蝙蝠、鹿鹊、云纹、羊、喜珠等。在市场调研和与买主深入沟通的基础上,这两种东西文化艺术的设计元素被海派家具设计师们予以仔细推敲,精心选用。比如在家具的外形上有西方柱式,加上门面的橄榄树叶与团纹花卉结合;用大涡卷的内敛及莨苔叶的舒展与石榴花或荷花花篮的雕饰配合;用欧洲建筑艺术的对称表现与如意花、麦穗花交融等。还有象征自由、美好、财富的贝壳纹样;形容康寿之石与珍珠纹;表达吉祥多福的羊、象、蝙蝠;寓意富贵的牡丹花饰;比喻兴旺发达的多子多福葫芦;葡萄果实图案;隐喻一生平安的宝瓶和高升如意的云纹;有明示健康长寿的松鹤;有说明喜庆欢乐的龙凤呈祥图(民国之前,龙的形象用于家具装饰是皇帝专用权利,民间禁用,民国之后就开禁了,不像泰国,皇帝用五爪龙图案,将军为四爪龙,平头百姓可用三爪龙图样)。

以上说明了海派家具的设计师们喜欢用隐喻、暗示的手法,借助装饰元素的平台表达愿望、企盼、向往的情趣。这种手法在西方和东方都存在，尤其在中国，明式家具由于文人的参与，清式家具因权贵达人的演绎，成就了中国家具的辉煌。而海派家具在设计中既承袭了中国传统的文化艺术元素，更与西方的文化艺术相糅合，显现出中西合璧的样貌。

（3）海派家具的设计风格之三：强调舒适、实用、追求名贵和身份。立足本土，满足贵族化设计风格。

海派家具之所以称为海派家具，而不称为民国家具，是由于海派家具属艺术、文化范畴，而民国家具是一个历史时期的概念。凡是在民国时期产生、制造的一切家具均可称为民国家具，而其精品其成就的代表是海派家具。所以海派家具的另一个设计风格是精心设计制作，强调舒适、重视实用、追求名贵、符合身份，立足本土、推陈出新，满足生活需要与精神需求。

海派家具就其使用对象而言，主要是西方侨民、买办大佬、权贵达人、上流社会之贤达、文化界精英、新兴市民的中产阶级。他们富有且地位显赫，生活讲究气派、身价、地位、极重面子，因而海派西式的柚木家具和现代红木摩登家具，成为这些社会绅士、富商巨贾、军政显要、使领馆官员购买时的不二选择。设计师们在家具设计中当然要遵循功能性，为了生活需要而不断地推出新品种家具。设计师们这种贵族化的设计风格，把西方的奢华和东方的人文精神通过海派家具展现，表现出经典与时尚。

（4）海派家具的设计风格之四：善于以传统框架结构为基础，又善于把不断涌现的新材料用于家具的结构、制作、装饰上。

海派家具的设计，结构基本上秉承了传统的框架结构，但在工艺上更为精致，尤其是1932年打破全实木制作的传统，运用人造板为基材制造家具，并用薄木艺术拼接复贴为主调设计出更为流畅的流线型新款家具。敢于打破传统设计，比如中国传统为中餐，正方形餐桌；西方则吃西餐，在餐桌的配置设计上，形态是长方形的西式台，设计师们利用齿轮传动原理，把长方形伸缩为正方形的中餐台格局，新颖又实用。又如西方现代生活中的抽水马桶应用在上海住宅中，设计师们结合实际设计出大理石台面和西方马赛克、瓷板装饰的盥洗式家具。这些充分说明了海派家具的设计顺应时代潮流，与时俱进的设计风格。

## 五、海派家具的装饰艺术

海派家具在装饰艺术上，充分体现了传统与现代之间的关系，淋漓尽致地反映海派家具的时尚与新奇。不仅对西方文化的元素模仿、借鉴或作改良性的运用，同时把中国传统文化精华展现在装饰艺术上。因此，我们可以说，海派家具的装饰艺术上承传统文化之精华，下启中国现代家具设计之先锋。关于海派家具的装饰艺术，拟从其装饰部位、装饰题材、装饰手法、装饰材料四个方面加以论述。

### 1. 装饰部位

#### 1）一般家具的大致外貌

尽管家具的形态千姿百态，但概括而言有以下几种：由支架（家具的最底部，承上部荷载于地面的部位）、柜身、面（顶帽）组成的柜类家具；支架、扶手、背框是椅凳、沙发类家具的基本形态；组成桌台类家具的则是支架与面板；而床榻类家具是由床屏面（片）、支架、铺面所构成，如此等等，这些是家具的主要部件。具体说属于支架构件的主要有亮脚、围座、塞角（包脚）三种形态，如图3-14所示。面板部件是个统称，它是指家具可承托物件的部分，吸收家具外部板面如面板、顶板、顶帽、底板、层隔板及旁板。抽屉是柜类家具中的重要部件，主要经受使用时的反复抽拉，又要有一定的承重能力以存放物品，具有高度的灵活性。就装饰而言，抽屉的屉面是最为主要的。门也是家具的主要部件，形式多样、品种不少，从开放形式而言有拉门、翻板门、平移门、卷门、折门等；就品种而言有实板的门、镶板门、玻璃门、百叶门等。

#### 2）海派家具的装饰部位

家具的装饰部位，主要是家具立面（以正立面为主），也就是说家具可视的外露范围均可进行装饰处理。在实际处理中，往往不是全面覆盖，而是有重点地装饰，在家具的视觉主要部位或形体转折的关键部位，为丰富家具造型、取得优美视觉效果而为之。海派家具的装饰部位，一般是支架、旁板、面板与顶帽、抽屉、门板，床的床头、尾片及架子床框等表面部位。

（1）支架装饰部位。支架的三种类型有亮脚、塞角、围座。亮脚

型支架是露脚结构,是海派家具中最常见的,它由全裸露的四个脚(也有五脚或六脚的,如大型衣柜、三人座沙发等)和望板连接而组成。所以脚的本身造型赋予望板下沿的形态,其表面是装饰的主要部位,如图3-15所示。塞角型支架,有脚型而无脚,往往是脚型与望板是同根料,一般在家具上体四个端部下沿置之,甚而有的无望板,仅以木料折角形式出现,这在海派家具摩登红木家具中往往有所展示,所以这四个折角表面部位就是装饰处理的部位,如图3-16所示。围座类型也就是包脚结构,有独立于柜体的四围包脚,与柜体相符的单围包脚,装饰部位显然是围板,这种形式在海派家具中出现不多,如图3-17所示。

　　(2)旁板装饰部位。海派家具中一般旁板都是要用框架嵌板的工艺,装饰的部位中旁板的前纵向端面为重点,也有的在外露嵌板表面做文章。这种外旁和显露的中旁装饰处理是最能反映家具风格的。所以海派家具中非常注重外旁的重要装饰,它细分为外旁装饰的上、中、下三段部位予以艺术造型,如图3-18所示。

　　(3)面板与顶帽装饰部位。凡与视平线等高或低于家具最上层的部位称之为面板,海派家具中的面板也往往重视装饰,一般都是攒

图3-14　支架的亮脚、围座、塞角(包脚)的三种样式

图3-15 望板的装饰纹样

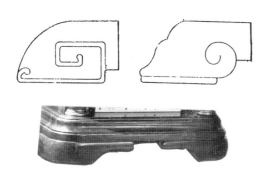

图3-16 塞脚的装饰

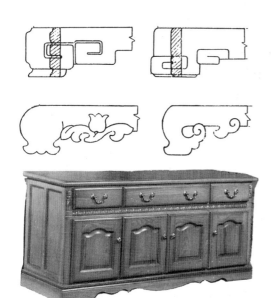

图3-17 围支架的装饰

边框架结构，重点处理入框的面。顶帽则是高于视平线配置，顶帽装饰处理同样也是区别该家具风格的标志之一，从顶帽的形状、顶框内配置的装饰内容最能反映家具特征，海派家具中的大件柜类家具往往重点装饰于此。

（4）抽屉装饰部位。海派家具中的抽屉部件出现频率也很高，有外露的明屉，有柜内部的暗屉。抽屉的装饰部位，就是抽屉的屉面正表面，它的装饰往往与拉手、锁件紧密地联系在一起（图3-19）。

（5）门板装饰部位。海派家具中，门板部件形式花样繁多，它的装饰部位显然是门的表面，它同样与合页、拉手的配置关系密切。门也是装饰的重点之一，同样是最能反映家具风格的，从它的构成材料、工艺手法、装饰细节处理都体现着海派家具的特色、样式。

（6）其他的装饰部位。床类家具中床片，尤其是床头片的中心部位，往往会形成一个视觉中心，这个部件的外形轮廓以及床的支撑架四柱表面，都是装饰中需精心处理之处，椅凳、沙发类的全部外露表面也都是要极为重视、精心处理的装饰部位。

图 3-18　家具外旁的立面
　　　　处理

图3-19 屉面的处理

## 2. 装饰题材

海派家具中的装饰题材是中西文化交融的证明,题材丰富,内涵丰蕴。

1)海派家具中借鉴运用西方文化的装饰题材

(1)建筑中的柱式、山花、檐口、拱券在海派家具中的应用:

① 柱式。主要用于家具橱柜的外旁正立面或有中间出面的隔旁正面表面,是家具表面主要边部装饰部位,其运用的柱式是体现男人成熟阳刚之美的陶力克,表现女性成熟轻柔之美的爱尔克尼和显示少女酮体窈窕之美的科林斯。这三款希腊柱式的艺术处理最简单,比例最粗壮。还有最具稳重形态的塔什干与以涡卷加毛莨叶装饰的混合柱,

共五款经典柱式用于海派家具的装饰题材,如图3-20所示。此外,也
有用涡卷雕刻呈柱状(俗称螺纹柱、绳构柱或麻花柱子)作为装饰。柱
饰一直是西方传统家具中经典的装饰题材。在海派家具中使用较多的
是科林斯柱式,这主要是借鉴了法国路易时期的家具风格。用在家具
装饰上,柱的形态有立体的圆柱、简化了的壁柱,还有倚柱、双柱等,如
图3-21所示。

② 山花(即山形屋顶)和檐口。山花是古希腊建筑正面檐上的大
三角部分,这种建筑装饰主要是用于海派家具第一视高的各类橱柜的
顶帽外轮廓造型。随着对顶帽外形的扩展,橱柜的顶帽不一定局限于
大三角的直线型,也有英式或美式橱柜的顶帽的圆弧形,中间饰有人物
胸像或天鹅脖项,或有栗或镟木件,并与檐口配合饰有C形或S形的涡
卷纹。海派家具中的顶帽内部往往采用缠枝绕花的装饰,在床的片头
中央多用贝壳或叶饰,有的干脆在外形内饰有中国传统的牡丹、梅花、
葡萄及各枝叶的攀连缠绵,并在檐口部饰有中国传统元素的元宝线、麦
穗花、回纹或云纹,真谓中西合璧。

③ 拱券。拱券是罗马建筑中的最大特色和最大成就,对欧洲的建
筑发展产生了深远的影响,而拱券这种建筑装饰应用在海派家具上,
主要是最简单的"简拱"形式。在许多门板的装饰中用拱券形态作为

**图3-20 经典的西方建筑
五柱式**

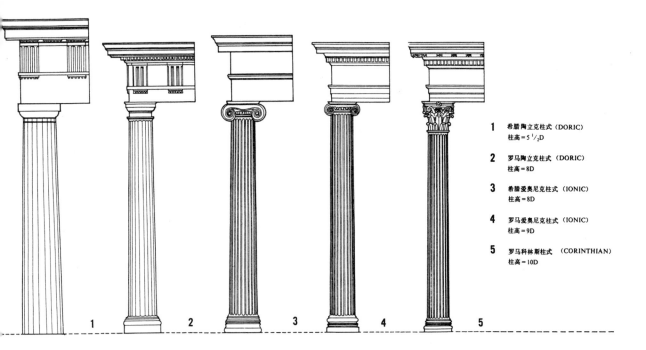

1 **希腊陶立克柱式(DORIC)**
柱高 = 5 $\frac{1}{2}$D

2 **罗马陶立克柱式(DORIC)**
柱高 = 8D

3 **希腊爱奥尼克柱式(IONIC)**
柱高 = 8D

4 **罗马爱奥尼克柱式(IONIC)**
柱高 = 9D

5 **罗马科林斯柱式 (CORINTHIAN)**
柱高 = 10D

1　　2　　3　　4　　5

图3-21　家具中的柱饰运用

装饰,用线条沿拱券外形在框内安装玻璃或镜面,拱券中央设锁芯。在装饰时也用于椅类家具的背板或用连拱的形态作椅类支架的望板边缘处理。

（2）西方家具中常见的装饰题材,在设计海派家具时采用选择、穿插、交融、混搭的方法加以应用。

西方家具主要是17世纪、18世纪与新古典主义时期的风格,也就是属于巴洛克风格家具、洛可可样式家具,新古典主义时期以法国路易和帝政样式与英国的亚当样式为代表风格表现。这些家具的装饰题材也常用于海派家具里,现归纳如下:

① 巴洛克风格家具的装饰题材。所谓巴洛克原义是指形状不规则的珍珠,18世纪的新古典主义艺术家用它来称呼17世纪建筑作品的风格,嘲讽它们奇形怪状,违反了古典艺术的规范。巴洛克风格在各个艺术门类中均有所反映,是一种广义的美术风格,讲求富贵与繁华,强调感官享受。在家具的设计艺术上装饰题材呈现的是:涡卷饰,大形叶饰漩涡、螺旋纹、纹带,C形与S形漩涡,不规则的珍珠,牡蛎壳、奇异形体和头像,美人鱼,海马,叶翼,花环,动植物腿与脚等。

② 洛可可风格家具的装饰题材。洛可可一词是从法语演变而来，原指一种用贝壳和小石子混合制成的室内装饰物，也就是通常所说的贝壳加岩石，表现在建筑的室内花饰上是：造型细腻柔媚及不对称，喜用弧线和S形线，爱用贝壳、漩涡、山石为装饰题材，卷草舒花，缠绵盘曲，连成一体，爱用浅色调如嫩绿、粉红、玫瑰红的鲜艳色，线边多用金色。反映在家具的设计上，其装饰题材是：波浪曲线（S形、C形及涡卷曲线），自然界动植物形象（叶与花交错穿插在岩石和贝壳之间），还有植物类（小花叶、球花、系有丝带的小花床，花篮，棕榈树，月桂树，芦苇，棕榈盘绕的花叶花环，玫瑰花），古典乐器类（小提琴、方孔竖笛、窄长形鼓）。在室内装饰中的护壁板上做成精致框格，框内四周有一圈花边的做法，在海派家具的门面上也得到应用，只不过花饰内改成雕刻的中国花卉或中国织锦的纹样。

③ 新古典主义风格家具的装饰题材。新古典主义风格的家具可以分为两类。一类是希腊化新古典主义家具，具有简洁优雅风格特点，以法国的路易十三式、英国的亚当式为代表。英国的赫善怀特谢拉顿、美国的联邦式都属于这个范畴。另一类被称为罗马化新古典主义家具，多是床类，展现奢华、至高无上的君权思想，这类风格家具涵盖英国的摄政式、维多利亚式、美国的帝政式、德国的拜德半亚式、西班牙帝政式，尤以法国帝政式为代表，表现在家具上的装饰题材有：玫瑰、水果、叶形、火炬、竖琴、壶、埃及的狮身人面像、希腊的柱头、意大利的罗马神鹫、戴头盔的战士、环绕"N"字母的花环、月桂树、花束、丝带、蜜蜂等。

2）海派家具中传承中国传统文化的装饰题材

海派家具通过传统文化装饰题材隐喻表达设计意愿，满足买主的意愿，使家具更中西合璧，凸显文化内涵，也表达了跨越地域、语言障碍，文化交融的海派文化。

在中国传统文化中的隐喻手法就是通俗说的"说张而指李"，影射达意的意思。在家具史上，自明朝以来，由于文人的参与，家具在装饰题材上极为丰富，中国传统表达吉祥的装饰题材是人们最爱使用的图案，意在表达吉祥、求福、长寿、喜庆的愿望。人们所认为的瑞禽仁兽：龙、凤、龟、牛、羊、蛛、鹤、马、鸾、鱼、蝠和植物花卉：牡丹、菊、芙蓉、葡萄、松、柏、竹、石榴、兰花等就常作为装饰题材了。这些题材寓意深刻，比如松竹梅组成图案称"岁寒之友"，表达经霜而不凋之意；在农耕社会中，牛表达家境，春牛寓意丰收、对幸福美满的憧憬和对风调雨顺的祈求；松树经得起风寒磨难，为百木之长，长青不朽，是长寿的象征；鹤又出于道教之羽化后登仙化鹤的典故，故松龄鹤寿和松鹤长青就成为吉祥祝寿的题材；又如大象是力量的象征，象背上放一宝瓶，瓶内再插放五谷，寓意五谷丰登；凤鹿组合为天下太平之意；鸾凤组合表达婚姻美满、夫妻和谐的吉祥祝词；凤则是美丽、善良、宁静、有德、吉祥、自然的寓意；凤龙组合为大吉大喜庆；羊，古同祥字，三阳开泰隐喻祛尽邪妄、吉祥好运接连而来；再如蛛称为喜蛛，表达喜从天降；和合二仙嬉戏蝙蝠寓福到、和谐好合之意；天马行空表示超群的才气和豪魄的气势；金玉满堂象征富有、幸福、出众；年年大吉用两条鲇鱼加秸秆来表达年年吉祥如意；一路连科就是鹭鸟与芙蓉花或荷花组合再加上芦苇，表示在整个人生和事业的道路上伴随无限幸运、一路荣华；葡萄、石榴喻示子孙多福；牡丹意富贵……这些装饰题材在海派家具中多以具象形态出现，择宜而用，按买主的意愿选择，一般一愿一题材，如玫瑰纹、葡萄纹、石榴、牡丹、绳与贝壳纹……按其题材图案大小，在家具表面为之，先设计出一个和美均衡的构图，有一个最佳视觉时才确定使用。这些图案常用于家具的门板、床头片、桌类的台面边沿、橱柜类家具的顶部及椅类家具的背部装饰，成为海派家具中常用的装饰题材。

3）海派家具的支架构造中所选用的亮脚型的形态

海派家具中脚型丰富（图3-22），多以动物如天鹅、虎、狮子、猫、螃蟹等爪表示，脚端为三弯腿即S型脚。还有以镟木工艺加工的脚型、带机器刻槽表示的上大下小的脚型、有球根状的17世纪典型样式、有洛可可样式变异的脚型……

**3. 装饰手法**

海派家具采用多种装饰手法来表现装饰题材以达到预期效果，如雕刻、镶嵌、彩绘、艺术拼图、贴金银箔、描镀金银色，各类线迹花线、精致的五金装配件应用……都是常用的装饰手法。

雕刻的装饰手法有浅雕浅刻、透雕平刻、浅浮雕、高浮雕等。在海派家具中用高浮雕手法的往往是橱柜的顶帽、门面中小型花卉图案、拉手，以及椅类家具背部的椅帽和靠背椅和床头片的中间部位，

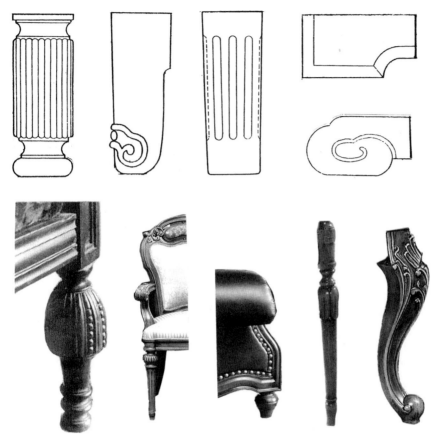

图 3-22　海派家具中常用的脚型

而浅雕浅刻常用在家具的支架部位脚型与望板上；镶嵌比如细木镶嵌、花线镶嵌，则多用于门面部位，其中用薄木皮艺术拼花组成图案都是与家具部件同一平面的装饰手法。涂饰手段更为丰富多彩，在家具的显著部件如旁柱、脚部、重点门面，线迹多用镀金、贴金箔、描金及彩绘的方法处理，这些都是海派家具中重点处理的部分。五金装配件的处理以精致为上，诸如合页、拉手的装饰都秉承民族传统艺术风格。

**4. 装饰材料**

海派家具的装饰材料多种多样，还不断地引进新材料用于家具的装饰，如玻璃、石材。同时，设计时会充分利用木材的纹理之美，尤其是名贵深色木材如瘿木的固有色和纹理，对其加以艺术处理。传统的装饰材料如金属的铜、银、金、锡和动物的骨殖、螺钿、象牙等也都在海派家具中交替使用。

（1）玻璃。在海派家具的装饰材料中，最有影响的莫过于玻璃了。

西方家具中玻璃的品种很多：有厚薄不一的多规格玻璃，有色彩斑斓的彩玻，有体现机械类注重边缘处理的车边玻璃，有以透明度来衡量的清玻璃、磨砂玻璃，有表面轧花或带机械刻制的艺术玻璃，也有作为玻璃的产品延伸——银光玻璃，即俗称镜子。这些琳琅满目的玻璃材料运用于家具中，使海派家具表现得多彩、亮堂，彻底改观了中国传统家具无玻璃使用的面貌。

（2）石材。大理石、大理石加工板，马赛克、彩色釉石瓷板，法国的彩绘瓷板……在海派家具中应用广泛，尤其是在抽水马桶引入后，设立了盥洗功能的室内空间，这些石材多为相应家具的面板材料。

（3）瘿木。树榴成为瘿，也是树的病态，接近于树根的部位，俗称"影木"，也被称为"阴木"。但不管名称如何，瘿木具有扭曲的花纹是不争的事实。借形喻名，文人赋予瘿木很多美的名字，譬如像一串串葡萄，叫葡萄瘿；像有规则的龟背，就被称为龟背瘿等。由于瘿木纹理扭曲，木质易开裂，一般不能作结构用材，而适合作为装饰面材。在海派家具中，瘿木一般在家具的面板上作为点缀，如桌台、柜台上用框架将瘿木拴在其中。在海派现代红木摩登家具中，这种化腐朽为神奇的特征，把代表东西文化的装饰元素紧紧地结合在一起了。

（4）其他装饰材料。在中国人固有的财产观念中，分量最重的是黄金，因此金银等贵金属也是海派家具中常用的装饰材料，大多用来点缀和镶嵌。比如青铜镀银或镀金的饰件，金箔、银箔的复贴，延伸的线迹描金描银等。也有的用铜材料装饰，如拉手用铜木相结合来处理。浙江以宁波为代表的宁作家具，用贝壳、螺钿或牛骨、象牙等材料精细镶嵌于家具表面，这也是海派家具中经常应用的装饰材料和技法。

# 第二节 海派艺术家具制作技艺

海派家具的制作技艺既继承了中国传统家具精湛的榫卯接合成形方法，又吸纳了西方家具堪称一绝的表面细木镶嵌装饰处理。这是鉴于海派家具设计求变化、利发展，迎新不厌旧的设计理念。因而海派家具可用"精、新、奇"来概括它的制作技艺。

海派家具所用的主流材料是木材,对木材的储备、干燥处理、选料可谓精心至致;对家具制作过程中诸如拼板、榫卯加工、框架成型,从零件到部件直至组装的整个过程,都以精良的工艺和精心的加工来确保榫接合的配合精度、大型部件的平整性、表面的光洁质量;在家具装饰处理、五金装配件的选用上都精细谋划;这就是海派家具的"精"。

海派家具还积极引入西方家具经典的制作技术,诸如装饰贴面、蒸汽模压、大理石艺术拼花工艺、大型家具的框架嵌板等技术。同时采用新型化工合成涂料、黏接胶料、薄木、人造板、镜面、艺术玻璃等新材料。海派家具积极尝试,勇于探索,应用广泛又精巧,使传统榫卯结构有了创新,以高超的涂饰工艺丰富了海派家具的表面色彩,为海派"装饰艺术"风格家具形态赋予了新意。

海派家具的"奇"主要体现在设计师的奇思异想和巧妙构思上。比如在设计阶段,设计师在与家具买主的沟通中,为迎合客户"家财不露白"的匿财心理,在家具内部的隐蔽处或干脆在家具表面的显露之处巧设机关,设置暗箱或暗格。再比如上海市民对于在家具上使用锁有"锁为君子防、又忌贼来访"的心理,海派家具设计师发明了称为"猢狲跳"的制作技艺,即一锁多关连环锁的抽屉启闭装置,迎合了家具买主喜异善巧的心理,堪称一绝。

# 一、精湛的木作技艺

### 1. 对木材前期处理

1)对木材处理作为制作家具的前提

中国以木材制作家具历史悠久。传统家具制作的木材有柴木和硬木之分,这些木材大多取自高大的乔木,做家具仅是用乔木树干部分。乔木可分为两大类:一类被称为阔叶材或硬质材;一类被称为针叶材,针叶材大多为软质材。凡属乔木的木材都有和水有很强亲和力的特征。而木材中的水分又有自由水、吸着水和化合水之分。自由水量较大,存在于树木的细胞腔与细胞间隙。吸着水储存于细胞壁之内。而化合水就是碳水化合物的分子水,它的量仅占总水量的百分之一左右，且主要的功能是产生该木材的结构及固有色，所以在研究木材干缩湿涨时可忽略不计。当树木被砍伐后，锯成大小不一、厚薄不同、长短不等的木材叫作某某树种（材种）的木材。木材在自然的大气环境条件下，有由湿变干的水分蒸发过程。首先是大量的自由水开始蒸发，而吸着水处于饱和状态，此时木材的重量变轻，形态不变。当自由水蒸发完毕，吸着水由饱和状态开始蒸发，届时木材的重量继续减轻，形状也发生变化，有形变及开裂的现象出现。直至木材的蒸发水分和吸收水分的速度呈动态平衡状态为止。这就是木材干缩湿涨的原因即木材产生开裂和变形的根本所在。因此可以看出，木材不经过处理，所制成的家具的质量是无法保障的。海派家具在整个制作的过程中，对木材的含水率控制是很严格的，可以说要求很苛刻。

2）海派家具对木材干燥如何处理

工匠把适宜制作家具的树木砍伐后，在木材干燥处理之前，把原木剖成不同规格的板材或方材。19世纪80年代以前，中国制作家具的工匠都采用手工操作方法：用被称为"过山龙"的大锯，两人你推我拉把原木化锯成板材，效率极低。直到1884年的上海，德国人尼芙莱奇开设斯奈公司以祥春木行锯材厂的名义开创了用机器锯刨木材的先河。同时斯奈公司垄断了原木的进口，上海家具制造商大多向其采购原木。1903年张孝行先生开设了首家中国人自己的木材化锯厂——上海机械锯材厂。因此，制作家具的木材干燥处理及原木的化锯从1884年之后用机器取代了手工。那时在上海也仅有1871年最早设厂制作西式家具的泰昌木器厂和1862年专制红木传统家具的张万年木器号两家。此后于1888年创立的毛全泰木器公司也加入其列。海派家具的木材干燥处理实为此三家先行。

原木经砍伐、运输、堆存，水分会有所减少却不易蒸发，用这类潮湿的木材做成家具，时间长了会干缩引起开裂、翘曲、变形，也很容易腐朽和虫蛀。所以这些制作家具的工场极为注重木材的干燥处理。最早采用的方法是自然干燥法，此法依靠太阳光日晒和流通的空气这些天然的条件来处理。海派家具使用木材的天然干燥期一般为两年，毛全泰木器公司自然堆放时间则更长，规定三十六个月后才能投入生产，这是因为在海派家具制造工厂中，绝大多数都是前店后厂，场地狭小，堆材不便，规模不大，唯有毛全泰木器公司在市区有门市部，郊区有家具制作工厂。工厂里宽裕的场地和良好的自然通风条件为木材的自然干燥创造了优异的条件。自然干燥时，木材的堆积方法也非常讲究。一般有水平堆积法、三角交叉平面堆积法和井字堆积法三种，如图3-23所示。自然干燥木材的方法成本低、时间长，木材中的水分缓缓蒸发，能和大气取得平衡，所以木材干燥后内部应力小，制成后的家具不易变形，性能稳定。然而干燥木材时要充分注意干燥期内随气候条件勤翻堆材以保持通气，更应注意所干燥的木材应按材种、规格、厚薄区分处理。

　　由于自然干燥木材时间长，制作家具的订单量增加时木材来不及干燥，因此还要进行人工干燥木材。人工干燥就是把木材放在保湿性、气密性好的窑内，利用加温加热人工控制湿温度和气流循环速度，使木材在一定时间内达到预定含水率。通常用锯末屑、刨花、碎木等木加工剩余物经过燃烧产生热烟来干燥木材的方法（俗称窑干或炉干）。海派家具人工干燥木材最经典的方法和步骤是：首先把经原木化锯后的板材、方材放在水池里浸泡，达到能抽溢出木材内部的浆水的程度；其次把经过浸泡的木材按照相同树种、相同规格的要求进入同一窑内干燥，经测试达到预定的木材含水率后出窑；最后把出窑的

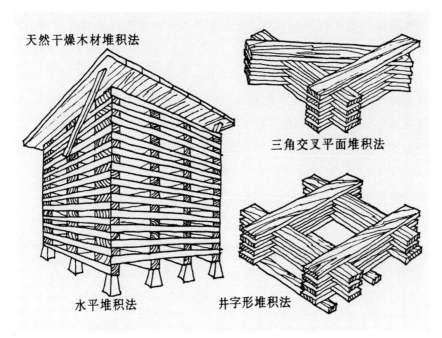

图3-23　自然干燥木材的
常用堆积方法

木材用自然干燥的方法放置于空气流通的场地，仍按同种规格要求堆积干燥，起码三个月以上到半年左右，使干燥中的木材达到家具制成后的使用地的木材平衡含水率为止，才能投入到下一个配料的工艺过程中。在20世纪30年代上海张万年木器号就是以这种方法来进行木材干燥处理的。

### 2. 家具部件成型的"框架嵌板"工艺

海派家具的部件成型以"框架嵌板"工艺为主。据说西方家具能制作大型家具有赖于法兰西在哥特时期发明的框架嵌板技法。中国传统家具部件成型也有异曲同工之妙，即以木材的立档用榫卯接合构成框架，再在框架内置入薄木板组成框架部件。海派家具在20世纪30年代之前均以实木材料构成部件，家具中的面板、旁板、门板、屉面、桌面、床片等都以框为元素组成。海派家具中框架嵌板工艺有其独特的精妙之处。

#### 1）框架外视面尽显木材纹理之美

木材的粗视构造有三个标准切面，即：以剖切平面顺着树木生长的方向剖切，但不通过树的髓心所得到的是弦切面；如通过髓心则得到的是径切面；若剖切平面与树木生长的方向相垂直所得到的是横切面，横切面一般不会在家具表面出现，故不予讨论。弦切面的粗木纹收缩率是径切面细木纹的一倍，那么海派家具中的框架部件是如何处理选料的呢？采取的方法是选料细腻，纹理粗细泾渭分明、粗细渐变有致。粗纹或细纹是木材的自然属性，用于家具的框架上务必仔细推敲。假如粗细纹理不分清，框架不仅会因收缩率不同带来结合不致密的缺陷，而且显示的木纹也会杂乱无章。解决这一问题就先要细察纹理，相似搭配，再用我国传统家具中丁字形结合处理，以斜肩榫接和格肩榫的工艺，呈现木纹的气韵贯通和细腻的雅态，如图3-24所示。

海派家具往往成套成系列，比如卧房套装家具一般由床边柜、床片、大衣橱、小衣柜、多屉柜或梳妆桌等组成，除了使用同种木材制作外，整套家具的木材纹理也要相似，尤其是弦切材形成的山峰形纹其大小形状都要求近似。在粗细木纹的排列中也要取木材生长方向的势态，比如多屉柜最底下的抽屉面框组成木纹一般要比上一层抽屉组成的纹理略粗些，最上层的抽屉花纹最细。又如大件家具的组框门面，相邻的门框花纹要有对称的渐变,这些均是海派家具对家具表面纹理妥切精致的处理。

2)合理的框架嵌板结构

框架嵌板工艺在中国传统家具中也称攒边装板,这是把一块块、一根根的零料组成各类框部件的重要环节。它可以使其结构主体始终为框架,令家具的结构方式完全统一。使用斜肩衔接交搭法既可以使成框后显露外表的木材纹理连贯顺通,又可以使结构避免不稳定的缺点。框的连接结构,通常采用削皮割角单或双榫和纵向半闭口榫成框,纵向半闭口榫增强了较大型家具成框后部件的防扭曲性,这是海派家具成框部件结构的妙点之一,如图3-25所示。框架嵌板的框档料设有通槽,用利心板嵌入。用较薄的心板装入框内当厚板使用,既节约材料,特别是名贵木材,又使框架的强度得以加强。当心板因干湿发生伸缩时,通槽留有了充分余地,确保不发生湿涨裂变形或干缩透缝等现象,这是海派家具成框部件结构的妙点之二。这种处理的工艺不会造成家具整体结构的松动和家具体形的走样。心板还可以选用不同材种,较方便地使用各种拼板工艺手法,表现出不同的装饰艺术,这是海派家具成框部件结构的妙处之三。心板置入通槽后隐匿了木材不易刨削粗糙的横断面,使家具各部分显露的都是光洁平滑的表面,展示了木材天然的纹理和色泽,发挥出材料本身自然的素雅和沉静之美。

## 3.拼板工艺

树木的口径不一、大小有限,因此木材的幅面也有限制。为了取得设计所设定的材料幅面,往往会采用拼板的工艺。将较狭窄的板材接拼成较宽的幅面板。海派家具中所运用的拼板方法多种多样,诸如平拼、斜拼、龙凤(企口)拼、木梢拼、明螺钉拼等,还有为了保证胶拼件的平整和结合强度的穿带拼法。其中难度最大,效果极佳的是暗螺钉拼,俗称螺丝扎工艺。螺丝扎要求相拼面平直,一般用于较厚的相拼件。两块相拼的基准面其中一块要加工成钥匙孔状,另一块相拼的基准面安置木螺丝仅显露螺丝帽及少许的螺杆。相拼时要在基准面上施胶,

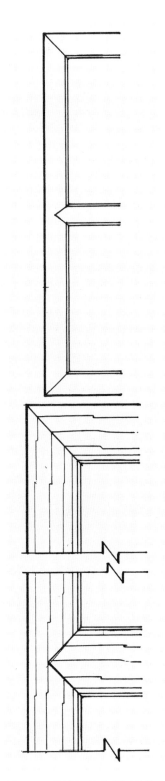

图3-24 丁字形结合所显示的木纹贯通

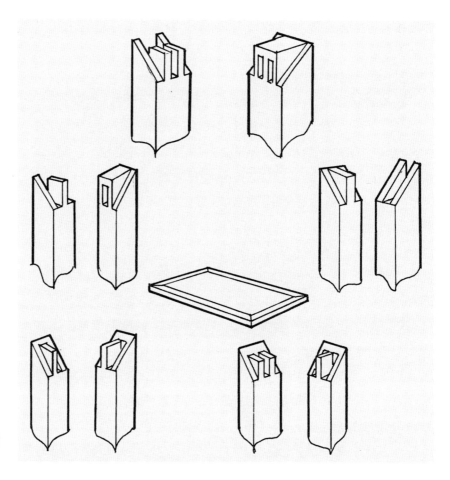

图3-25 框架嵌板常用的
框角榫接合

操作动作要快,两料复合把螺丝帽插入钥匙孔状内用力向下压,用敲击位移的方法使螺杆移到钥匙孔状的螺丝杆槽内,如图3-26所示。这种拼板的方式也常用于床片的外侧边木料与床屏的结合上,要注意螺杆槽的方向(螺钉头在上螺杆槽在下),在力的作用下相拼构件会越扎越紧。

### 4. 精巧的装饰技法

海派西式家具和海派红木家具都运用了丰富的装饰技法,描金、描银、镶嵌、雕刻、薄木艺术镶拼等是常用的方法。海派西式家具以法国路易十五样式为基础,在家具的主体轮廓线迹和支架腿部的雕饰部位用青铜镀金、镀银的饰件代以实木雕刻,再用描金、描银的手法来装饰,勾勒出家具的结构线条。其余通体的部位为白色或象牙色。这种"白腊克描金描银"的仿欧海派家具被誉为海派西式家具的范本,它承袭了西方技艺传统,中西兼容又符合东方人的审美。描金描银的技艺也

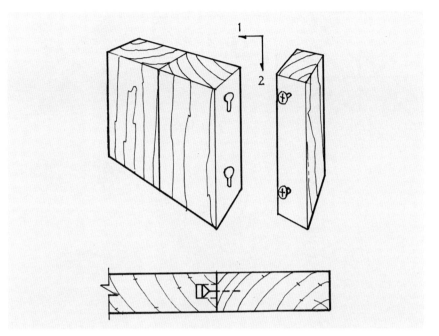

图3-26 拼板工艺螺丝扎

非常精细,描绘的部位漆膜要丰润、均匀、周到,全覆盖线条又不能溢染于线条外的部位。操作时需屏气聚神一气呵成,稳持笔不抖漆、不滴漆,反复多遍描绘。

　　海派家具采用均衡的雕刻装饰,在家具的重要部位予以精心雕饰,浮雕、圆雕、透雕等是常用的技法。雕刻技艺亦中亦西、虚实结合。海派西式家具比较重视家具支架腿部的雕饰,多用写实的鹰、狮、虎、羊、象等动物形态。在家具主要部位采用莨苕叶、橡树叶、西番莲雕饰,而海派中式家具沿用中国传统的牡丹、玫瑰、葡萄等纹样,也以写实为主。海派家具传承了自清以来雕刻细腻、形态栩栩如生,极显灵秀之气的技艺,所以凡施雕的精品均华美高雅、装饰丰富、异彩纷呈。至于镶嵌的技法,本身就是中国传统家具中使用的装饰技法之一,如北京的珐琅镶嵌、广州的玉石镶嵌、江南的金银铜金属镶嵌、宁波的动物贝壳类螺钿镶嵌等,海派家具把明式家具中的隐喻艺术语言糅合在镶嵌的工艺中,并在海派红木家具中有淋漓尽致的体现,赋予了与时俱进的时代风格。

　　薄木艺术镶嵌工艺是海派家具表面装饰技法中最典型的技艺。早在文艺复兴时期意大利就盛行薄木镶嵌工艺,把各种原色不同的珍贵木材用锯切、刨切、半圆锯切的方法制成小薄木片,再拼成花卉图案或

图3-27　常见薄木镶嵌技
法的拼花图案

设计方案图镶嵌在家具的表面，在法国称这种技法为细木镶嵌。1932
年，钟晃先生把细木镶嵌技法应用到新款海派家具上，用碎木拼花装饰
家具门面部件，框件表面四周用浅黄的椴木和乌木木片嵌入勾勒。较
大面积的内框表面用薄木艺术拼花（黄褐色的泰国柚木），门面的主要
部位饰以精致的花篮或缎带样的雕饰，部件呈曲面。家具色感丰富、光
彩夺人，深受市民欢迎，并不断地被业界仿造复制，上海家具业内掀起
了应用薄木艺术镶嵌装饰技艺的风潮。当时薄木用原色或经过染色处
理的枫木为主，因为枫木英语称"美泊尔"，这种薄木镶嵌技艺在上海
也被称为美泊尔镶嵌工艺。这种工艺带来的多彩图案和别出心裁的原
木艺术拼花，构成了海派家具薄木镶嵌工艺的特点（图3-27）。由此可
见海派家具的装饰技法诸如描金、描银、雕刻、镶嵌，尤其是薄木的艺术
镶嵌技法，极大地丰富了海派家具的形态，为海派家具的成熟提供了经
典的支撑。

### 5. 家具的精细加工

俗话说"工欲善其事，必先利其器"就是讲如要达到预定的加工
要求就必须有不可缺少的工具。海派家具在形成、成熟的相当长时间
内都是以传统的手工工具来制作的。中国聪慧的家具工匠在漫长的
历史长河中积累了丰富的制作经验，创造了一整套完备的木作加工工

具。比如用斧头砍木材后用各种锯把原木锯成板材（或横截之，或纵剖之，或锯割制榫，或铙锯成弯料），划线找基准有墨斗弹线，钻孔有扯钻，以及制榫孔的凿（凿是成系列的，来加工不同规格的榫孔）和各式各样雕刻用的凿子、刻刀、刨子等，各种工具为加工家具创造了良好的条件。

海派家具表面精细加工要求很高，一般是通过刨削加工和砂磨加工后获得整个部件的平整度：周边无塌倾、表面无凹陷，边口直、线条直、不走样。光洁度要求加工完成后家具表面没有刨削后遗留的刨雀斑痕、刨刀的拉刺痕、边框交错处的横刨印，并且不起木毛。砂磨要求是砂去凹痕后不能有横砂印。最后用涂粉法检验，达到精光的要求。举例说，海派家具中的大餐台面板或大型办公桌桌面，这类部件刨削和砂磨的过程：首先是刨削，有粗刨、细刨、精刨三道，以家具表面的横向先刨再纵向顺纹刨，用长直尺时校验部件是否因刨削加工而产生边口塌倾或部件中间部位凹陷再以对角线方向相向刨削，达到表面整体基本平整。第二道重复第一道操作路线后再加补顺纹刨削一遍，也被称为补平。第三道用光刨来细光，遇到边框交接处的斜线界要格外细致，后光的边框交界处用薄纸遮住后反复替换，目的是避免产生横刨印。细光时要确保交接向木纹都是顺纹刨削，如发现有局部刨痕再用短光刨补救。刨削加工结束后进入砂磨加工，砂纸选用先粗后细。砂纸由贴有软面橡胶皮的木块裹着在家具表面直线顺纹砂磨，若遇到边框交接处仍用薄纸遮住未砂面，小心翼翼地精磨，反复交替。遇到线迹型面时，为确保砂磨不走样，要先制好和线型匹配的阴模，复上砂纸顺线迹来回研磨。遇到非常显眼的家具部件，其表面还要用旧废砂纸或砂纸背面，再用上述方法反复精磨（图3-28）。本加工完毕后要掸去部件表面的木尘与砂磨后的砂灰，小心地堆放。上述操作方法使海派家具的表面加工达到"精光"等级。

### 6. 榫卯结合的创新

家具结构中的榫卯结合源于建筑上传统柱梁结构的营造。榫卯之间互相结合、互相支撑的方式在中国传统框式家具中大量应用。海派家具在榫接形式和局部构造上虽然有所传承，但因家具品种的增加、形态的丰富、新材料不断涌现等诸多因素催生下，除了传承更有创新。

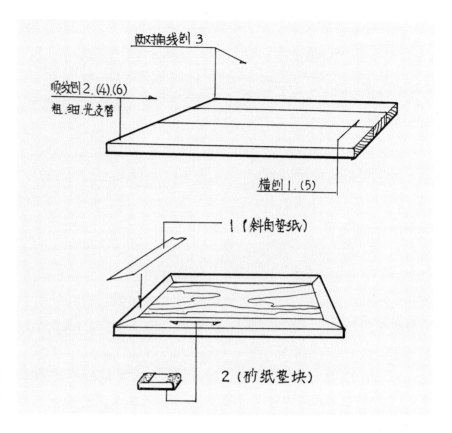

图 3-28　表面木加工时刨削顺序与边框交接处砂磨

1）燕尾榫在海派家具制作中得到了延伸

榫接合形状各异，但归根结底仅有直角榫、圆榫、燕尾榫三种。就燕尾榫而言，在海派家具的制作中多有创新和延伸应用。如在高档经典的海派家具中，家具的抽屉部件绝大多数都传承了燕尾榫的制作形式。在抽屉面与抽屉墙板结合处采用半隐燕尾榫形式，在抽屉墙与抽屉后板结合处采用明燕尾榫形式。这种传统而古老的榫形态往往不施胶直接榫接，可成形可拆卸，在海派家具中应用更注意燕尾形的美感，并视材质的软硬程度，规范了榫舌与肩的角度为75°～80°。在实际制作中燕尾上下端的宽比取3：1被公认为最漂亮的燕尾形态，如图3-29所示。在板材与板材的侧面连接尤其在厚板的拼接时，海派家具实木制部件创新地使用了燕尾拼接和燕尾穿条法，这种拼接强度大、胶着面积大、接合牢固度好，如图3-30所示。为了防止拼接后板件翘曲，海派家具工匠们发明了穿带燕尾榫和吸盘燕尾榫的拼法，如图3-31所示。即使是家具部件的封边，其构造中也运用了创新的燕尾榫舌封边方法。

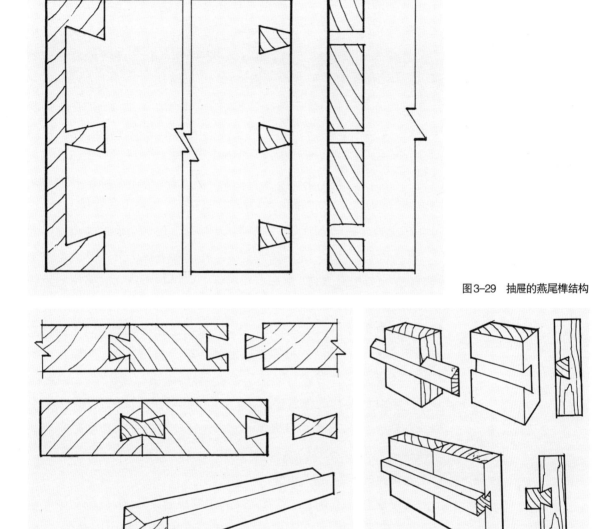

图3-29 抽屉的燕尾榫结构

左：图3-30 燕尾拼接和燕尾穿条

右：图3-31 穿带燕尾榫和吸盘燕尾榫

2）广泛应用不贯通榫

在中国的传统家具中，榫接合往往采用明榫，就是两个木质零件用榫卯结合后榫舌的端面显露于榫孔的表面，增长榫舌长度，确保结合强度。但是在海派家具中，尤其是海派西式家具的所有表面榫舌的端面都不显露，采用的是不贯通榫结合，俗称暗榫。实践证明，榫舌的长度不是越长其接合强度就越大。榫接合中榫舌长度在35 mm时结合强度最大，当榫舌长度大于35 mm时其榫舌长度与结合强度成反比。因此海派家具在椅类家具中椅腿或座框本身用料较纤细断面规格小的状况下，为了确保家具表面木纹的完整，保持纹理美观，又确保榫卯结合的足够强度，舍弃了传统家具中的明榫，而采用了中间交榫或上下交榫的方式，如图3-32所示。由于海派家具品种繁多，在具体的榫接合形式中也因材施艺，有所创新。如小衣柜旁脚和写字台的立档等，柜框中撑结合采用单截嵌榫；台面、床内部框架及柜类、写字台等抽屉架的内外框架接合采用十字平榫，如图3-33所示；小衣柜、大衣橱、床边柜及写字台等暗屉横档，采用单肩闭口榫或单肩开口榫，外观完整结合无缝，如图3-34所示。海派家具中也有大夹角的结合方法，以确保木材纹理的连贯。如采用斜肩插入榫，这是一种无榫夹角的胶接法，如图3-35所示；在断面较大的斜角接合处，像平板结构床屏、茶几木框脚，采用了双肩斜角贯通榫。俏皮割角类榫、双肩斜角暗榫、圆柱后包肩榫……都是海派家具常用的传统榫卯工艺。在制榫的方法上，海派家具划线改墨斗为木工铅笔，更为精密。锯割时外肩留线、内肩切线，可见部位如留有锯痕则不能称作海派家具制作的精品。榫卯结合后的外表面接缝致密，凸显海派家具工艺之高超。工匠还对制榫的数量，榫的纵横向摸索了一套规律，确定了家具的档料截面宽度大于40 mm时应制成横向双榫，大型部件框料应制纵向双榫并设置半榫，充分显示了海派家具制作时的创新精神。

### 7. 奇异的"暗机关"设置

海派家具除了满足家具实用功能的常规要求外，设计师和工匠密切配合，在家具上巧设"暗机关"，迎合了新兴市民"家财不露白，不怕贼来惦"的心理。设计师征询购买者的要求后，设计了一些有特殊"暗机构"的家具。毛全泰木器公司和水明昌木器公司在与买主沟通时精心为买主设想，在家具业界享有盛名，所设置的暗机关与买主也有保密的承诺。在20世纪30年代，这种在家具上设置暗机关的做法成为海派家具的一个亮点。

所谓暗机关，就是在家具的显眼部位设置藏匿空间，以表达最热闹之处往往最安全的思路；或是在家具隐蔽之处设置空隔，不引常人注意而家具主人深得其玄机。如沙发的木质的宽扶手由木板围合而成，扶手的内侧板可翻起闭合，扶手的内部空间就可由主人放置他所

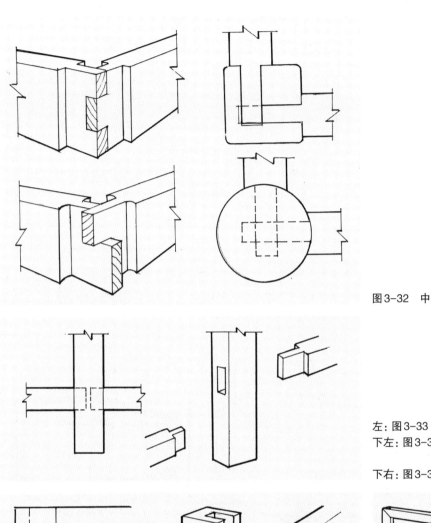

图3-32　中间交榫和上下交榫

左：图3-33　十字平榫
下左：图3-34　单肩开口单榫和闭口
　　　　　　　单榫
下右：图3-35　斜肩插入榫

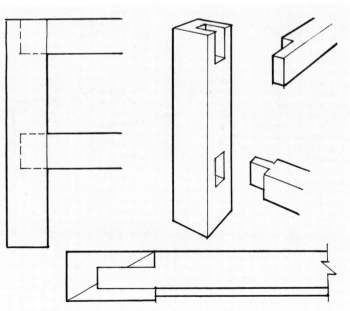

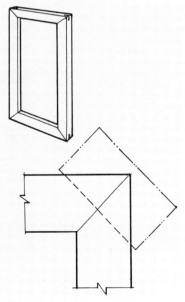

想放置的物品了,内侧板闭合后,外表又不引人注意,如图3-36所示。又如碗菜柜抽板的拉伸移动会在顶部形成的暗空格,可以让主人藏匿一些不愿让他人看到的物品,如图3-37所示。也有的在床边柜的背部做文章。

锁能在家具表面起到画龙点睛的作用,海派家具中凡有用锁之处都很精心地处理。如锁的质地、锁的形状、锁孔的形状、锁的颜色和光泽度等都会一一斟酌。另一方面锁的直接功能是防窃,也都知道锁仅防君子而已。即便如此,海派家具设计师也在锁上巧动脑筋。如多屉柜的正视表面或写字台的多屉边墩柜等幅面较小的部位,每个抽屉面上都装上一把锁显然用得太多,有失构图的平衡,因而设计师在海派家具多屉柜品种中发明了被称为"猢狲跳"的一锁锁多屉的机构。设计师在最接近面板的抽屉装一把锁或在面板下设总锁板,而其余抽屉

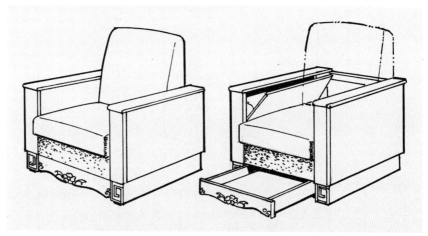

图3-36　家具明显部位的
　　　　　暗机关

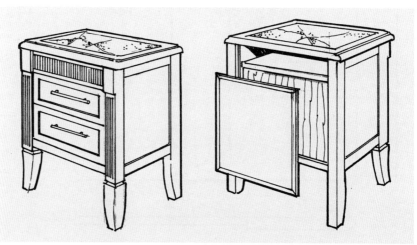

图3-37　家具隐蔽部位的
　　　　　暗机关

面外表无一锁影,再在锁心处引出连杆装置,在抽屉的旁板或屉后板上装上"梢",利用连杆上的"扣梢片"经锁心转动"梢"与"扣梢片"的吻合和脱卸来完成一锁多屉的功能。

## 二、高超的涂装工艺

俗话说:人要衣装佛要金装。家具也要涂装,所谓涂装就是在家具表面经过基层、着色层和抛光层三道涂饰工艺处理。家具经过涂装有三大意义:一是经过涂饰的家具表面因漆膜的形成可经受住一般轻微的磕碰,避免了家具结合部位的干缩湿胀变形,继而延长使用寿命;二是家具经涂饰后更显示木材原有色的颜色丰润,纹理清晰;三是通过家具表面着色处理改变原有材料的色彩,塑造出新色彩,极大地丰富了家具表面色。高超的涂饰工艺是造就海派家具不可缺少的组成部分。

### 1. 丰富多彩的涂饰工艺

海派家具的色彩可谓丰富多彩。西方家具表面色彩以红基调为主,而海派家具对家具色彩的处理打破了原有色的限制,由红转黄并向多彩过渡。下面介绍一下海派家具常用的着色处理的名称和配方(配方以百分率计),以及几种在海派家具中常用的涂饰方法。

1)*海派家具常用色彩与配方(%)*

① 淡本色:腊克86.9 钛白粉0.9 滑石粉3.5 丁酯8.7作为底漆的配比:腊克99.5 钛白粉0.5

② 深本色:腊克70 铁黄粉1.1 铁红粉0.2 染料黄0.5 染料红0.2 滑石粉3.5 丁酯24.5

③ 淡黄色:老粉67 铁黄粉0.2 哈巴粉0.9 水31.9

④ 玉眼色:老粉69 红磁漆0.8 铁红粉3.8 清漆3.8 汽油12.4 火油10.2

⑤ 淡柚木色:老粉67.8 铁黄粉0.6 哈巴粉2.6 水29(为了达到着色的新鲜度要进行剥色在着色层中增加水色处理。水色的配比是黄纳粉0.14 墨汁0.98 水98.88)

⑥ 深柚木色:老粉70 铁黄粉0.53 哈巴粉2.76 水26.71(水色的配比是黄纳粉2.2 墨汁1.7 水96.1)

⑦ 黄纳色:老粉64 哈巴粉8 铁红粉0.4 水27.6(水色的配比

是黄纳粉14　墨汁1.4　水84.6）

⑧ 粟壳色：老粉63.1　铁红粉2.1　哈巴粉6.2　墨汁1.5　水26.5（水色配比是黄纳粉9.5　墨纳粉5.8　墨汁1.6　水83.1）

⑨ 喔克色：老粉68.2　墨汁1.1　哈巴粉1　铁黄粉0.7　水28.5（水色配比是黄纳粉0.1　墨汁2.5　水97.4）

⑩ 红木色：老粉63　墨汁3.2　铁红粉1.9　水31.9（水色配比两道。头道：黄纳粉2.1　墨纳粉3.2　铁红粉1.9　水31.9　二道：黄纳粉2.1　黑纳粉10.4　墨汁1.5　水86）

⑪ 橘黄色：腊克66.9　铁黄粉1.3　铁红粉1.1　铁黑粉0.1　染料黄1.8　染料红0.3　滑石粉3.3　丁酯25.2（底漆配方：腊克98.7　染料黄0.7　染料黑0.3　染料红0.3）

⑫ 咸菜色：腊克72.7　铁黑粉1.3　铁黄粉3.6　染料黑0.5　滑石粉3.6　丁酯18.3（底漆配方：腊克99　染料黑0.5　染料黄0.5）

海派西式家具常用的涂饰方法有以下几种：① 涂饰后显露原有家具表面木材纹理的，被称为透明涂饰方法或清水涂饰。上面提及的12种海派家具常用色彩就是着眼于涂饰后原有木纹更清晰、更鲜艳的涂饰方法，而且是着色处理，确切地说是对原有的木纹孔着色。它包含了水老粉、油老粉、色浆、底漆、水色等多种工艺。② 涂饰后完全不显露原有家具表面木纹，被称为不透明涂饰方法或混水漆涂饰。而这种混水漆又有一种完全无木纹的色彩漆（如仿法式的白腊克描金涂饰）。另一种混水漆是彩色漆，在底色上采用"拉木纹"的方法，用手工的拍、拖、拉来仿制出名贵的瘿木纹饰。③ 使用石蜡加热成液体涂刷在家具表面，随后用麂皮反复揩擦家具表面，并借助电热吹风边揩边擦把蜡液渗透于木孔中，这种方法使涂饰后家具表面保持原有木色，蜡膜玉润丰满，非常雅气。由于石蜡的耐温性差且容易惹脏，所以这种方法在大件家具中很少采用，而常用于小件家具或装饰陈设品。如果家具表面用材比较名贵，木材纹理美观清晰，为了凸显木材纹理美会选用透明涂饰方式，反之就选用不透明涂饰。至于在混色底子上拉木纹，这类家具一般为中低档家具。

**2. 繁复的涂饰工艺**

海派家具的涂饰工艺，应分为海派西式家具涂饰工艺和海派红木摩登家具的涂饰工艺两大类。

1）海派西式家具的涂饰工艺

20世纪20年代中期，上海的海派西式家具的涂饰还处于虫胶为主的油漆家具的"泡力水时代"。当时毛全泰木器公司油漆部就制定了西式家具油漆工艺规范，油漆工艺操作规范也是当时的毛全泰漆工部首领、后被业界尊称为油漆大师的赵阿庆先生创立，并负责产品质量把关，如图3-38所示。整个涂装工艺过程分为白坯基层处理、着色加工、表面抛光整理三个阶段。

白坯基层处理：漆工部规定不论木工制作如何精细光洁，白坯一旦进入施工，必须全面对白坯进行检查。发现经油漆加工弥补后还存有缺陷的家具则退回木工。进入操作后首先对白坯除去木尘，用细砂纸全面地倒楞、轻砂。接下来用虫胶液刷一至二变，除木毛，再用专人配置的腻子来填嵌木加工中的钉眼，材料中允许缺损部位的填补，嵌填要达到严、实、平。要多次嵌填，不允许嵌填处凹陷。此后用细砂纸砂光。

着色加工：涂揩水老粉或批刮油老粉，要求涂揩周到，即涂即擦，顺纹批刮干净。等干后才能再刷虫胶液。干燥后再用酒精手刷进行剥色，然后刷虫胶，干后刷排水色，再刷虫胶，待干后把家具整体与整体、整体与零部件，整件整套地予以拼色，局部修理使整套家具色相似均匀。最后轻砂。

表面抛光整理：轻砂表面完毕就进入罩光（涂饰）施工，在油漆涂料进入腊克时代后，就用腊克来罩光。腊克施工前是用虫胶液来罩光，一般用多次刷虫胶液处理。而赵阿庆先生为了使漆膜更玉实，采用棉花团浸沾虫胶液，在刷的基础上转圈纵横于家具表面循序揩涂，使虫胶液在木孔中渗入填实，每完成一遍后就用砂纸细磨一遍。一遍又一遍、一道又一道，如此反复以增加漆膜丰满度和光泽度，极大地增加了海派家具的外表风采，领先于行业的一般涂饰水平。腊克作为油漆的主要材料后，继续采用棉花团揩涂方法应用于海派西式家具涂饰工艺之中，所谓腊克三操三磨的经典工艺也由此而来。

在海派西式家具中，涂饰中用的颜料、染料多是德国生产的。罩光的涂料除虫胶漆、腊克漆之外还有一种醇酸清漆，其成膜机理是内部先干后逐渐表面干，施工时间长周转慢，而一般木器作

图3-38　毛全泰木器厂油漆检验印章和为海派西式家具油漆技艺成熟作出杰出贡献的赵阿庆先生

坊场地小，虽然价格较廉但终究没能在海派西式家具中成为涂饰材料的主流。至于不透明涂饰均以腊克加颜料拌和后在施工中应用。

2）海派摩登红木家具的涂饰工艺

海派中式家具作坊中，张万年木器号坚持用花梨木、鸡翅木等红木来制作家具，创立了风靡上海滩的海派现代红木摩登家具，其涂饰工艺仍以中国传统的工艺为主。红木家具属于贵重的高级家具，在涂料和工艺上都有特殊的要求。红木家具使用的漆是由生漆经加工而成。生漆又称为大漆，是我国特产，有"好漆似清油、明亮照人头、摇动虎斑现、挑起钓金钩"的说法。红木家具施漆的工艺被称为擦漆工艺。海派摩登红木家具用的生漆大多是产于湖北利川毛坝镇的毛坝漆、大木漆、小木漆、油籽漆。生漆成膜的条件是温度25～30℃，相对湿度80%左右。大漆借漆酶固化漆，在温度低天气干燥时要加温和洒水。生漆成膜的第二阶段是氧化聚合，涂漆表面首先要有足够的氧气，所以漆膜不能过厚，否则易产生漆膜透点现象。生漆中的生漆酚附入皮肤会引起过敏反应，产生俗称的漆疮，使用生漆要加倍注意。

（1）海派中式家具擦漆工艺。擦漆工艺的步骤和工艺要点有：磨光（用120#砂纸把组装好的红木家具表面打磨砂光）→刮灰［就是披灰，用牛角刮板把搅拌均匀的灰（腻子）刮涂在表面，批刮均匀，然后放入漆房内烘干。要求漆房内温度18～27℃，需要4～6 h。冬季时则要在漆房内放10 h左右］→上色（用240#砂纸砂光，把线迹挑干净，然后上色）→上底漆（用砂纸把底漆擦在家具表面以堵遮木材表面的毛孔，然后放到漆房2～3 h）→操作第二次上色（用240#砂纸挑线迹和雕刻机处，再用320#砂纸磨透后再上色）→揩擦硬化剂（用棉纱揩擦或喷硬化剂在家具上，后放入漆房干燥6～8 h）→第二次揩擦硬化剂（用320#砂纸挑线迹和雕刻处，然后再用400#砂纸磨光后均匀地揩擦硬化剂，完毕后放入漆房内6～8 h，保持漆房温度27～28℃）→揩擦生漆［用400#砂纸挑线迹和雕刻处，并用400#砂纸砂光，然后揩擦生漆，放入漆房（阴房）其温度保持27～28℃，湿度80%～90%，8～12 h干燥。揩生漆的步骤要反复连续操作4～5遍，直到家具表面的光泽大于85%达到高光等级为止］。

（2）海派中式家具亚光涂饰擦漆工艺。当经过擦漆工艺施工后，漆膜光泽小于30%表面反光度时是亚光等级。亚光涂饰擦漆工艺有七大操作流程。

第一步：漂白。首先用等量配比的水和双氧水混合的溶液把家具漂白，然后用清水洗净、晾干，阳光充足的天气需要一天后才能进入下一步操作。

第二步：刮灰。用生漆、石膏粉和少量的水混合搅拌组成灰（腻子），先用120#砂纸把家具表面磨光再刮灰。要批刮均匀。

第三步：再刮灰。用240#砂纸打磨后再刮灰。

第四步：上色水。用240#砂纸砂光，然后上色水。

第五步：上亚光漆。亚光漆是由50%香蕉水、25%固化剂、25%亚光漆组成。亚光漆要刷均匀、刷周到。

第六步：再上亚光漆。第二道亚光漆涂刷前必须先用320#砂纸砂光。

第七步：揩涂生漆。用600#砂纸砂磨家具表面，除净砂灰再揩涂生漆即可。

上述操作步骤，必须确保前道加工后的干燥，砂磨后必须除净砂灰不要遗留在家具表面，最后揩擦生漆要刷均匀、刷周到，不得漏揩。揩涂生漆后同样要放在漆房内干燥8～12 h。

## 三、海派家具对于新材料的实践

19世纪中叶到20世纪初欧洲的工艺革新汹涌澎湃，一浪高过一浪，人类大踏步地向现代生活迈进。由近万吨钢铁和250多万个螺钉连接而成的埃菲尔铁塔的建立，标志着钢铁时代的到来。蒸汽机发明带来工业机器化时代，城市工业化带来了人类生活环境的变迁。技术与功能已成为新的设计理念，而传统的审美标准已被"效率、实用、简单"所取代。海派家具设计师求新追异、崇尚时髦、立足创新的本能被激发出来。尤其是20世纪的20～30年代，在西方"装饰艺术"风格潮流的引领下，海派家具设计师大胆地将铁材、钢材、玻璃及镜面制品、合成涂料胶料、胶合板等人造板，这些新材料运用于家具中。材料与工艺、技术、功能紧密相连。此时，上海的家具界是一片欣欣向荣的景象。中国首家专业木材化锯厂从张孝行先生1903年创建到20世纪

20～30年代更加成熟,机器锯材的精度和效率得到了提升,为上海家具的业界发展作出了贡献。

传统座椅面是硬板的形式,采用带框入板的制作工艺,而新式座椅的软座面由于钢丝、弹簧新材料的应用,创新了厚椅面工艺。整个厚型椅面由面料、橡胶海绵、麻布、棕丝、麻布、绷带、弹簧等组成。全新的材料带来了全新的制作工艺,给海派艺术家具的沙发、软椅家具增添了色彩。

玻璃制品在家具中的应用,启发了海派家具设计师的想象,改观了中国传统家具的形制。尤其是海派西式家具中大胆地应用了玻璃制品。透明玻璃、车边异形玻璃、镜面玻璃、艺术玻璃等被设计师广泛应用:结合居住条件设计制作了客厅里的陈列柜、银器柜、餐具柜;卧房里的带镜梳妆柜、穿衣镜、三门或多门大衣橱设置带镜橱门;盥洗室的洗脸台、化妆台中都设置了墙挂镜;进户的玄关部也设计了正衣冠的带镜玄关等家具。可见玻璃制品在海派家具中的应用丰富了海派家具的形态,创新了家具的品种,扩大了家具的使用功能,打破了中国家具无玻璃制品应用的历史。如何把玻璃或镜面安装于家具中,促进了制作工艺的变更。各类安装玻璃或镜面的家具部件,虽然承袭了框架成型的榫卯结构(原嵌板都是以贯通槽固定工艺),但玻璃或镜面易破碎,需要更换方便。因此把贯通槽改为铲边,加上小贴条固定,把玻璃镜面活络地镶装于框内,这样原先的贯通槽固定工艺就变成了框架镶嵌玻璃的活动工艺。

钢铁材料制成的家具也诞生了。铜质洋锁在家具中大量使用,改变了传统家具垂锁、挂锁、插锁的方式。丝杆螺母被用在海派家具中的转椅支架中,彻底改变了传统支架的榫卯结合工艺,椅在使用时可转动的形式更方便、更休闲。洋锁在家具中的设计方面,海派家具中所用的锁是圆心锁,多为圆状,作为家具整体的点设计元素处理,由于要直接在装锁的部件上钻孔,对家具表面完整无损性要求很高。加工时既要考虑漆膜完整,又要注意钻削加工后与锁心配合缝隙的精度,一般家具厂往往是先在白胚上钻锁孔再进行油漆,而毛全泰木器公司和水明昌木器公司对锁的安装程序是先油漆后钻孔装锁。他们在工艺操作中有一套严格的规定:先把工作台面弄干净无杂粒硬物,再在包裹橡胶皮的垫料上放上装锁部件,接下来定锁孔中心,检查手工扯钻的钻

头是否锋利,一切准备好后才开始施工,一气呵成。洋锁的使用不仅
改变了传统家具锁的安装工艺,而且还成为海派家具检验整体质量优
劣、工艺是否精良的一个关键点。

化工合成胶在海派家具的榫卯结构中大量应用,改变了传统家具
中用动物蛋白质胶(黄鱼胶)为黏接剂的地位。同时元钉(洋钉)、螺钉
取代了传统家具中的竹钉和木钉,大大提高了家具的结合强度。由于黄
鱼胶使用比较复杂,要保湿浸蒸,黏接后会因受潮降会低结合强度,所以
传统家具用榫卯连接和榫舌打钉的明榫做法,尽量不用胶。而化工合成
胶结合强度大、施胶方便,海派家具在榫接合中作暗榫不露榫端,榫舌施
以合成胶保证了家具结合强度,又不破坏木材的纹理,榫、胶、元钉、螺钉
的搭配使用,使海派家具更牢固。毛全泰木器公司有海派家具从二楼使
劲扔下来,而不散架的结构牢固实验。

传统的曲面家具零件往往采用实木锯制或分段搭接的方法,既费
料工艺又复杂。而钟晃先生的曲面家具使用了新材料胶合板,在曲面加
工中采用金属带、均力板、拉杆、止动块组成的夹具、模子来进行多层板
弯曲件的弯曲。开创了曲面家具部件制作的新工艺。

由此,我们可以看出新材料的出现催生了工艺的创新,勇于创新和
实践成就了海派家具的发展并使其不断地走向成熟。

## 四、家具设计制作与室内装饰相结合

19世纪末到20世纪40年代前,上海众多的现代建筑拔地而起,
城市面貌发生了翻天覆地的变化。银行大厦、洋行大楼、商行总会、
饭店、医院、学校、百货大楼、舞厅、影院、高级侨民住宅、花园别墅、新
式石库门里弄建筑等如雨后春笋,上海已成为名副其实的国际都市。
这些现代建筑大多引进现代设施,配有自动电梯、水泵、发电机、热水
汀,内部设施豪华先进,这些建筑需要大量的海派家具。而海派家具
的发展也离不开建筑业的兴旺发达与室内装潢的近代化。上海西式
木器业就积极参与室内装潢实践而获取了长足的发展和进步。1933
年,民国时期的上海市政府大厦、图书馆、博物馆、运动场、体育场等,
"大上海计划"的浩大工程带来了海派家具大发展的契机。当时毛全
泰木器公司与市府大厦承建商——浦东营造业的朱森记营造厂积极

配合,在参与配套家具设计时充分结合大厦的室内装饰风格,仔细研究斟酌家具的款式,并对室内装饰提出有益的建议。在室内装潢阶段,毛全泰积极派出技术骨干参与现场施工,油漆施工更是发挥了海派西式家具涂饰的精湛技艺,在配置家具到达现场后,主动积极参与陈设布置,堪称建筑营造业的大木作与室内木器的小木作密切配合的典范。毛全泰木器公司还承接了八仙桥上海青年会、虹口国际大戏院、克莱门公寓、协会公寓等多幢独立式住宅的家具配套和室内装潢相配套的工程业务。

当时以定制家具为主的水明昌木器公司,本着"注重设计和产品开发、立足市场、服务高端"的理念,与买主沟通时往往兼顾客户的潜在愿望,并有心地询问买主的居住环境和室内装饰风格,设计出的家具图纸确认后封样作为日后验货依据。水明昌木器公司还承接室内的装修设计和现场的施工业务,以及送货时的陈设,做到家具与室内配套、陈设得体,深得买主的赞誉。

可见上海木器业在家具设计制作与室内装饰相结合方面是有所作为的,为海派家具的成熟发展作出了贡献。

# 第三节　海派家具的经营模式

## 一、前店后工厂

西方家具传入后,出现了西方侨民开设的修缮与制作西洋家具的作坊,如最早在上海由诺克斯开设的福利家具厂(1885年建,买办张龄增任经理专门制造英式高档家具)、1905年以海克斯为首创建的美艺木器装饰公司,以及德国人泡力克在1920年开设的现代家庭,专售西洋家具。到了1871年,乐宗葆先生创建的泰昌木器首创海派西式家具生产。毛全泰木器公司和水明昌木器公司,这两家都有门店兼展示厅,以及远离门店的生产基地,而且都是以门店为主、工厂为辅,在创建初期门店以修理旧家具为主,这是海派西式家具的经营模式之一。

那么制作中国传统家具的红木作坊情形又如何呢? 1862年上海

最早开设的张万年木器号就专做中式家具。后在 20 世纪 30 年代由张中源先生执掌木器号,那时的张万年木器号也仅是雇工二十七人的规模。20 世纪初到 30 年代的 30 年里,据统计大小作坊约 60 家,雇工人数也仅在一人到十七人之间,大多还是夫妻作坊的形式。雇工人数最多的是 1912 年成立位于紫金路上由乔方玺先生创建的乔源泰木器号,雇工为十七人。其次是黄钖思先生创立于 1905 年的黄长兴红木作坊,雇工为十五人。再次是 1909 年建立的沈荣泰木器号和 1917 年位于直棣路上的范心发记红木作坊,雇工各十二人。1921 年建立的殷顺记与 1925 年创建的蔡永兴木器号雇工各十一人。全上海就这么六七户红木作坊雇工在十人以上,其余的则以极少雇工经营,多自产自销。这些红木作坊规模虽小,名气却大,并且都是前店后工厂的经营模式。这种模式利于卖家与买主直接沟通,倾听买主意见并满足买主要求,是最有利的小规模经营模式。这些为数众多的红木作坊非常灵活,大作坊多做成套大件,小作坊多做小件散件。不同的买主按各自的需求寻找不同的作坊来制作中式西做的家具,或定制或直接购买。无意之中,这些红木作坊为海派中式西做的家具发展起了推波助澜的作用,作出了巨大贡献。

## 二、分工合作

西方侨民自带本国家具后,利用我国廉价劳动力开设了木作坊,宁波、黄岩、温州、上海等地的匠人也相继在上海开设家具厂,形成了华洋家具制造工厂同存、同发展的局面。但是洋人开设的木作工厂生产成本高,销售利润也比不上国人,所以大多纷纷退出改行。抗日战争的爆发后上海西式家具成熟期创建的水明昌木器公司脱颖而出,同毛全泰一起走向海派西式家具的繁荣,共领海派西式家具的风骚。在此时期,上海滩涌现了许许多多中小木器店和木器制作工厂:有制桶盆的圆作作坊,有做各类沙发的作坊,有制作铁床铜床的铁作坊及各类家具店商号等,分工细类别明确。永安、先施、惠罗等百货公司也开设家具工厂,自营自制家具。据有关数据统计,此时上海家具行业大大小小作坊及工厂已有 270 多户,各类家具店更多达 500 多家,几乎遍布全市。上海西式木器同业商业公会在 1941 年正式成立。上海的中式木器同业公会则在1946年十月成立,有会员259家并由张万利木器号的张中源先生任同业公会主席。这两大同业公会相继成立标志着上海海派家具业的繁荣。

虽然这些西式或中式的家具工厂规模小、资金薄弱,但在发展海派家具繁荣方面是通力合作的,在海派家具的造型款式上相互借鉴,工艺上相互商榷。小工厂选用适合自身加工条件的样式制作或联合其他工厂共同制作,积小力聚大力。在家具订单骤增的销售旺季,规模较大的木器工厂会把部分单列的订单家具发给一些小作坊加工,这就是外发的合作。在加工完成后发出单位派员前去验收,如不合格就用小斧头把做好的家具劈掉以维护发出方的质量信誉,一点也不讲情面。另一种合作方式是把一些在小作坊干活技术好的师傅请进来赶工或做临工,任务完成了就返回自己的作坊。像木工、漆工、沙发工都会参与这种临时的帮工,这也是在海派家具制作业内非常普遍的合作方法。如红木作坊乔方玺开设的乔源泰木器号在生产制作海派红木家具时,合作的范围就很广:在选择五金装配件如拉手、合页、锁等时,会在一些主要配件上刻上乔源泰的铭号以保证质量信誉;制作转椅所用的丝杆构件时,就同铁作坊合作;沙发所用的钢丝弹簧和配套的席梦思床垫弹簧都要经过反复挑选;到外国铜匠技术高的工厂去寻求协作等。这些都证明了海派家具制作的经营模式是离不开分工更离不开合作的。

## 三、公私合营——家具业的大改造

上海市人民政府先摸清上海木器业的家底现状,木器作为商品在流通领域内为主,所以先隶属于商业部门,继而把这些从事木器制作的手工业者组织起来兼并统筹,组织了木器合作社。到1953年木器业才趋于稳定,在1956年的工商业社会主义大改造的大浪潮中实现了家具业的大改造。

当时除西式木器业(原沙发也属于其下)和中式木器业(合称木作业)外,还有圆桶作业、理发椅业,以及专门设计和制作橱窗柜台的虹庙弄刘兴记、徐长贵、王顺兴、陈永兴等四五家木器店组成的橱窗柜台业、台板业(即缝纫机台面板的制造)等。当时政府按产品归类行业:这些作坊雇工人数在十人以下的木材工场有约七百五十家左右,归口竹木联社参加合作;雇工人数在十人以上的木材作坊有二十多户,批准合营转变为国家资本主义性质企业。这样原本分散规模小的作坊工场纷纷自愿组织起来成立了合作社,各合作社和合营的企业连同原有的家具商号都由上海市手工业合作联社管理。1955年上海木器业由木作组、圆作组、沙发组、台板组四大块构成。有企业一千五百八十四户,其中木作坊七百五十九户,沙发组一百八十三户,两组就有九百四十二户占总数的59.74%,是木器业的半壁江山;职工总人数有三千六百零七人,木作组与沙发组这两组的生产工人数有一千七百二十四人(但沙发组生产工人仅一百四十一人)占生产工人数的57.58%。至此一支木器业的基本队伍已经恢复。

经过1956年社会主义工商业大改造,上海木器业的总体情况如下:成立了上海竹木用品工业公司。制作家具、盆桶类、竹器品、铁铜床的工厂和作坊经组成各类木器合作社,合并为三十六户。其中地处闸北的四十多家合作社组建了上海家具厂,成为上海家具行业人数最多、设备最全、技术力量最强的制造西式木器家具的骨干企业。以海派西式家具引领者毛全泰木器公司为首,联合十二户小作坊于1953年成立了上海联合木器厂股份有限公司(于1960年恢复了毛全泰木器厂的厂名)并首次在全行业制订了自己企业的证章,如图3-39所示。新组建的东方木器厂由数十家木器合作社合并而成,而为海派家具作出贡献的水明昌木器公司也同七十多户制作西式木器和红木家具的作坊组成了水明昌木器厂。上海家具厂、毛全泰木器厂、水明昌木器厂作为主体,上海木器厂、利民木器厂、人民木器厂、跃华木器厂、红星木器厂、群众木器厂、长江木器厂、黄河家具厂、建设木器厂等为基本班底,承担木家具的制作与经营。蓬帆沙发厂、东风沙发厂、上海沙发厂为软体家具的承担企业。铁床钢椅等金属家具制造企业则由上海钢椅厂、上海钢家具厂,华丰铁床厂,伟东铁制品厂等构成。竹木公司还对圆作、竹器制造企业进行了整合改编,组建了江南木桶厂、百花竹器厂、曙光木桶厂等。为了加速家具制造的机器化程度,建立了由诸多镟木加工为主的作坊,成立了上海家具机械厂。为扩大化工涂料的应用设立了上海家具涂料厂。为了研究家具的发展新材料新工艺的应用和研发成立了家具研究室。全市五十多家家具商店集中成立了家具总店。可以这样

图3-39 以毛全泰木器厂为班底组建的上海联合木器制造厂股份有限公司的证章(厂徽)

说,经过公私合营对上海木器业进行了整合、重组、大改造,上海竹木用品工业公司成为现代家具的主力军,重铸海派家具魂魄、再现海派家具辉煌的基础已经夯实,各重新组合建立的家具厂都将焕发青春,海派家具将扬帆而乘风破浪地前进。

## 四、专业分工与工厂化的实现

20世纪50年代到80年代中期海派家具获得新生,在新时代下以创新发展融入当代科学技术进步潮流中,海派家具制作进入家具工业化生产的轨道。上海家具工业积极参与政府主导的重大建筑工程、配套任务、援外任务,积极参与国内行业间的技术交流,传承了海派家具海纳百川、包容兼具的精神。

### 1. 行业内分工明确

海派家具制作在上海竹木用品工业公司领导下进行了专业的家具产品大类分工:木家具、钢家具、软体类家具三大类。上海竹木用品公司按各类专业所属技术力量具体情况确定相应的生产经营任务,快速组织起海派家具制作专业化的队伍。

#### 1)木家具大类是海派家具制作的基本力量

木家具大类是以卧房家具制作为主,附带生产其他室内功能的家具(客厅家具、书房家具等)。按专业生产又分为:成套卧房木家具制作和单件家具的配套制作两条线。上海家具厂、毛全泰木器厂、东方木器厂三户工厂为龙头,可自行设计符合新时代精神和城市生活实际的新款家具,由竹木用品工业公司下属家具总店统销。上海家具厂以上海牌成套民用木家具闻名;毛全泰木器厂(1966年改为华东木器厂)以工艺牌成套民用海派家具雄踞上海滩;东方木器厂以敦煌牌成套家具旺销于上海的中端以上客户。另一条单件配套制作的专业分工按大衣柜、小衣柜、床架、桌台椅等产品分工。大衣柜产品以原水明昌木器厂(1966年更名为解放家具厂)为核心,设计制作较高等级的金鹿牌三门大衣橱;徐汇木器厂生产中档等级的三门大衣橱;群众木器厂生产床架产品为主;红星木器生产桌类产品为主;利民木器厂、人民木器厂、跃华木器厂三家工厂,业内称"二民一跃"主攻各款式的小衣柜;上海木器和友谊木器厂生产各款新椅品种;长江木器厂则生产普及型配套木椅。行业还规定，单件配套制作的单位有条件可自行采购木材进行配料加工（如解放家具厂等），否则一律由业内黄河家具负责统一木材配料；家具的五金装配件由上海家具五金厂负责研制开发和生产供给。

2）钢家具大类是传承海派金属家具的主力军

20世纪30年代用铁、铜金属制造铁床及铜床的工厂已经出现，在海派家具的大潮中也曾拥有一席之地。如何传承和开发钢家具就由上海钢椅厂、华丰铁床厂、伟东铁制品厂、上海钢家具厂等企业来承担了。上海钢椅厂的金铃牌钢折椅以轻巧、合理、高质而风靡全上海，为海派金属家具的再创辉煌作出了贡献。

3）软体类家具复兴

沙发、软座椅和席梦思床垫都由西方传入但规模不大，1949年基本处于停顿状态。竹木用品工业公司专业分工后，东风沙发厂负责席梦思床垫，蓬帆沙发厂、上海沙发厂、新艺沙发厂负责各类软体家具与木家具配套服务，并各自研发新款式的软体家具。上海东风沙发厂的龙凤牌床垫在20世纪60至70年代深受上海市民喜爱。伟力弹簧厂为各类软体家具提供所需要的弹簧件。

4）其他配套和单列产品的专业分工

竹木用品工业公司专业分工后，圆桶类家具由江南木桶厂、曙光木桶厂承担，竹器类家具由百花竹负责生产。

**2. 家具制作的机器化与工艺设计的完美和谐进步**

1）家具木加工初步实现了机器化加工

20世纪50年代经过了对手工业工商业社会主义改造后，成立了众多木器合作社。在竹木用品工业公司领导，各合作社解放思想大搞技术革新。如诞生了横截圆锯机、纵解圆锯、满足众多加工范围的推盘圆锯机，此后又诞生了方榫孔的打孔机，整个木家具行业技改之风劲吹，如火如荼。上海家具机械厂更是大显身手，为行业制造木机械作出了很大贡献。到了60年代家具行业的机械化程度又有了很大提高，木工成型敲框机、胶压机、立铣机、平压刨机、砂带机等都相继问世。家具木加工基本达到了机器化制造，实现了家具生产的工业化。

2）家具涂饰机械化

20世纪60年代中期，向家具涂饰机械化进军的号角已经吹响。繁重的手工批、刮、填、嵌、揩、磨、砂、抛工艺都开始使用机械。20世纪70

年代解放家具厂木纹直接印刷的研发,80年代初光敏涂料流水线的研制成功都使油漆工艺日新月异。70年代华东木器厂的油漆涂饰流水线研制成功,做到了家具部件涂饰在流水线上完成,创造了从木材投料首道工序起到组装成型结束五件成套卧房家具仅需四个工作日的成绩,成为全国轻工行业家具制作高效的榜样。80年代中期竹木用品公司改名上海家具总公司,引进了意大利、日本等先进国家的木工机械设备,使上海家具制作水平空前提高。

### 3. 传承海派家具精髓创新海派家具新样式

海派家具的雄风在新时代如何重振和腾飞,从家具设计的角度上应找出海派家具精髓予以传承,并针对新时代海派家具为普通民众服务的要求去寻求创新。竹木用品工业公司规范了新款海派家具的创新设计,即围绕当时普通老百姓的居住条件设计,将家具形态简约化。具体表现有:将三弯腿即老弯脚、老虎脚、象鼻脚明确定型;大衣橱继续采用三门式,中门为镜门;开发了多种花色系列的衣柜,有双门式、单门五屉式、双门带屉大型式,有的还在小衣柜上安装镜架与梳妆功能相结合;床形式是架子片床,铺面尺寸以英制四尺半幅面为最多;桌子以小方桌为主。所有配套家具脚型保持一致,顶面线型也一致以求成套效果,在规格上尤其脚的高低尺寸成系列,通过各工厂的生产在市场销售中汇总成套。属于中档水平与普及型的成套新西式海派风格家具,在五六十年代畅销于普通市民中。

20世纪60年代毛全泰木器厂设计了阳台型和四方型中档海派新款家具,特别是1964年用全柚木制作的圆镜房间有钟晃先生创立的流线型海派家具之遗风,形态婀娜多姿。1965年又设计了风靡上海滩多年的斜旁型成套家具,被市民称为捷克式家具,以西方古典镟木技术与新古典主义结构的车圆脚作为家具脚的造型,取消传统望板围合成支架形式,运用直线和斜线相结合的简洁构图凸显硬朗的家具形态。华东木器厂设计的斜仿型成套家具款式新颖,一经问世就极受市民的钟爱,如图3-40所示。当时市民以这种家具造型元素符号衍生出好多以捷克式命名的家具,如捷克式音响、捷克式厅柜家具等。毛全泰木器厂在1966年更名为华东木器厂,此时该厂设计的新型海派西式家具在用材上传承了钟晃先生所创立的海派"装饰艺术"风格家具,已不用全实木制作。如全套家具大胆应用人造挤压刨花板(俗称机制板)为家具的主

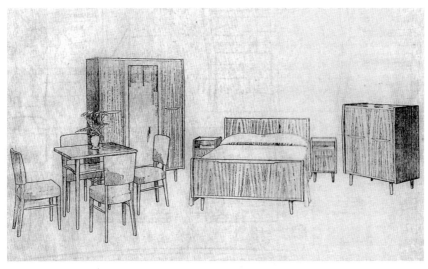

图 3-40　俗称捷克式的华
东木器厂设计的
斜仿型成套家具

图 3-41　华东木器厂 7501
型成套家具

要基材,边部均用实木封闭,全套木料采用东北水曲柳制作,所有门面采用柳安胶合板复贴的双包镶板,内部心料采用木料。1975年华东木器厂设计了编号为7501型成套木家具(图3-41),在工艺结构上有所创新,所有部件都采用先油漆后组装成型的板式化生产,把传统海派家具用榫卯接合成型的工艺革新为五金装配件连接成型,大量地运用机械化生产的圆棒榫过渡定位。家具形态方正、线条简明、整体大方。家具一上市就供不应求,受到青年男女极大的喜爱,成为上海绝大多数婚房家具,以每年五千套的产量雄踞上海家具成套销量之冠多年。华东木器厂在市场转型期为市民推出了不少新颖款式的海派家具,20世纪80年代中期首先推出了组合式家具。

上海家具厂也为重振海派家具作出了不可遗忘的成就。上海家具厂是在公私合营运动中诞生的,属于国营企业。该厂集中了上海家具业界大批技术优异的人才,加工设备也最完善,员工人数为行业之最。对木制家具整个生产工艺过程设计精细,划分布局缜密,最早实现了家具机械化的生产。还兴办了技术学校和研究机构,为企业和行业培养了大量的技术人才。这些都为重振海派家具不断创新的风帆、再创海派家具的辉煌提供了强有力的条件和坚实的基础。

上海家具厂在整个家具行业首先组建木家具生产加工流水线,并首先运用蒸汽进行木材干燥处理。积极开发了以木材为主,多种人造材料相结合的新技术,发明了以胶合板复贴家具表面的双包镶新工艺。在家具的榫结构中,大胆革新传统的直角方榫,运用圆榫结合和机制燕尾榫取代了手工加工。在家具的连接结构上采用装配五金

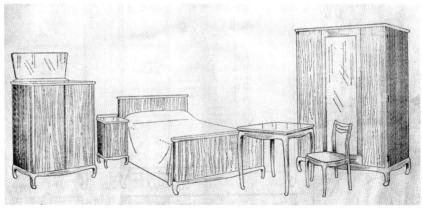

图3-42 上海家具厂设计的
　　　　海派新款式家具

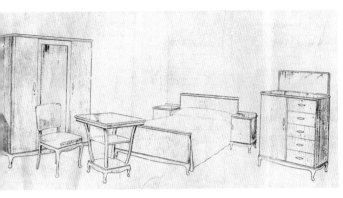

A. 上海竹木用品工业公司属下企业专业化配套
生产的家具组合套房

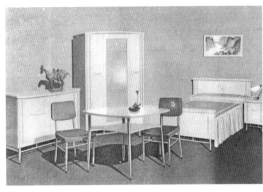

B. 钢木结合的卧房家具

C. 实木与人造板结合的书房家具

D. 钢木结合的办公家具

件,开创了海派家具成型新形式。在油漆涂饰技艺上首创木材染色工
艺,完善了现代油漆涂饰设备、创新了涂饰工艺。因而上海家具厂所
设计的海派家具新款式既有中国传统民族技术的韵味又富于海派家
具的精髓,更体现了运用新材料、新工艺的成果,如图3-42所示。上
海竹木用品工业公司旗下的钢家具制造企业,也积极地投身到海派家
具的创新中,丰富了海派家具的用材,创新设计了海派家具新款,如图
3-43所示。

　　直至20世纪80年代中期,上海竹木用品工业公司(已改名为家具
总公司)取消了原来仅由上海家具厂、华东木器厂、东方木器厂三家企
业可自行设计制作成套木家具的规定。业内大批家具工厂纷纷行动起
来,以家具专业毕业的年轻设计师们为引领大胆创新,以新材料、新工
艺、新款式为指导,设计制作了迎合现代潮流全新的海派新风格家具,海
派家具又一次迎来了繁荣的春天。

图3-43　上海竹木用工
业公司为重振海
派雄风而设计的
海派家具新款式
家具(A、B、C、D)

## 五、海派家具的功能走向现代化

家具的功能、材料结构、美观三者之间的关系一直是家具设计师在创造家具形态时必须要考虑和权衡的,力争达到三者的完美统一。海派家具具有组织空间、分隔空间、填补空间、间接扩大空间的物质功能作用,又可以使人们通过视觉信息和对形体的感觉,激发和陶冶人们的审美情趣。上海家具业自1949年10月起,为重铸海派家具的魂魄和雄风非常重视海派家具的功能,力求在海派家具的社会使用领域使海派家具的功能走向现代化。

### 1. 海派家具标准功能尺寸的建立

海派家具的标注尺寸在1949年之前多以英制为度量单位,家具尺度以西方人的人体功能尺度为基准。新中国成立后在相当长的一段时间里家具尺寸与尺度上沿袭旧律,逐渐地显示出家具在功能尺寸上的不适合。为了促进海派家具的发展和整个家具行业的进步,上海家具研究所受国家轻工业部委派进行了人体尺度状况调研,历时数年辛勤工作,终于完成了在家具史上的几件大事。第一,确定了家具尺寸标注用公制,一律以毫米为单位;第二,规定了木制、钢制、竹藤、塑料及其他多种材料结合的家具应执行常用家具基本尺寸的规定,同时也明确了特殊用途的家具和少数民族家具可不受此限;第三,规范了常用家具的五大类品种和包含的家具产品,即椅凳类(含扶手椅、靠背椅、折椅、方圆凳、长凳)、桌类(含方桌、圆桌、小桌、单层桌、单柜办公桌、双柜办公桌)、床类(含单层床、双层床)、柜类(含大衣橱、小衣柜、物品柜、书柜、文件柜、床头柜)、箱架类(含衣箱、书架)。家具功能尺寸的统一标准以轻工部部标准的名义颁发,1967年1月在全国实施。制订家具功能尺寸标准的过程非常浩大,先在全国范围内进行了无数次人体测量(测男女人体身高、臂伸长度、肩宽度、肩峰至头顶高度、正立时眼的高度、正坐时眼的高度、胸廓前后径、上臂长度、前臂长度、指尖至地面高度、上腿长度、下腿长度、坐高、大腿水平长度等)。其次进行数据分析,确定人们经常活动的基本动作。最后才定出与人体尺寸、基本动作相配的家具尺寸。全国家具技术组在议定过程中进行了三番五次的热烈讨论乃至激励的争论,争论最激烈的莫过于桌椅的高度差和椅的各类尺寸,床的铺面内径长度,衣柜的长度、深度等。各项功能尺寸的确定不单单涉及家具制作尺寸的统一和制作材料消耗的程度,还涉及纺织业、服装业和其他相关行业的商品尺寸的确定。为了海派家具功能尺寸的落实,相关部门组织了行业技术组对各工厂的设计图纸把关,对家具产品进行抽查,检验功能尺寸等。当时不管家具造型多好、工艺多精致只要功能尺寸不合格就判定不合格的管理措施,极大地推动了海派家具功能走向现代化。

**2. 海派家具的功能逐渐地走向现代化**

20世纪50年代、60年代,城市居民购买或添置家具大多不会全套购买,单件家具购买者居多。所以上海竹木用品工业公司在企业的生产分工设置上大多数是单件生产,通过组合配套销售来满足市场实际需要。家具生产多满足一居多室的使用功能,即卧房兼餐厅和起居室功能。当时制造成套木家具的上海家具厂、华东木器厂、东方木器厂就以卧房冠名,套装家具有大衣橱、床、床边柜、小衣柜及小方桌和四把椅子总共九件。80年代中期之后,随着市民居住环境条件的逐步改善家用电器逐步进入千家万户,家具的功能也逐渐地变化和扩展。电视机柜、音响设备柜成为卧房套装家具的新成员。装饰陈列柜、两用沙发,以及不同材料、色泽的组合式家具都被列入成套家具的范畴。

**3. 海派家具面向全国享誉海内外**

新中国成立后海派家具焕发青春,以崭新的海派艺术样式面向全国。1953年上海联合木器制造厂首次派出设计师卢德荣先生、油漆大师赵阿庆先生为技术骨干,由公司经理带队赴北京参加中南海怀仁堂大礼堂的修缮工程,历时近两个月以苦干巧干完成任务,受到了广泛赞誉。1959年首都十大建筑兴建向国庆十周年献礼,上海家具厂、上海联合木器制造厂、水明昌木器厂受政府委托,参加人民大会堂上海厅的修缮与家具配套工程建设,上海海派家具以特有的文化和艺术韵味深得全国同行的赞誉。1962年上海联合木器制造厂受市政府委托,承担苏联伊利奇号高级游船的修缮与家具配套的工程任务。任务难度高、加工精度严格,全厂上下动员积极投入,设计师卢德荣先以英国契本代尔风格为基调设计了上海西式风格家具,以精致的木工加工工艺和精良的油漆涂饰工艺顺利完成了任务,受到外方惊叹由衷的赞颂。市人民政府也颁予该厂"产品免检荣誉称号"的奖励。1964年

图3-44 上海家具业毛全
泰木器厂与兄弟
省市同行的技术
交流

上海木器业走出上海面向全国，与兄弟城市互相学习并广泛进行技术
交流（图3-44）。接纳高等院校师生来厂实习学习，推动理论与实践
相结合。1975年之后，上海家具厂、东方木器厂、上海木器厂、华东木
器厂等单位积极承担外贸出口任务，以海派家具的新面貌展现于海外
国际友人，使海派家具享誉海内外。

## 六、鼎盛时期的海派家具行业

### 1. 海派家具采用现代工业材料制作

西方传入的家具尤其是西方古典家具其材料主要是实木材,比如橡木、胡桃木、桃花心木等。把全实木改为人造胶合板作为主要的制作家具基材,钟晃先生为第一人。1932年上海的霞飞路(今淮海路)上钟晃先生开设了艺林家具店。钟晃先生在法国专攻室内设计与室内装饰,对法国的巴洛克、洛可可样式家具有独到的理解和领悟,成为上海滩海归从事家具设计的第一人。他开设的艺林家具店专门为西方人和上流社会华人设计并加工制作家具。他还购置法国原产时尚家具——阿尔代克样式家具,让业内和市民及时了解了西洋家具的变化,为海派家具的成熟和鼎盛作出了极大贡献,成就了经典的海派阿尔代克样式家具。阿尔代克样式家具一般有直线几何式、对称式、古典式三种,其特点是把不断出现的新材料应用到家具中。钟晃先生深得其中精髓和真谛,他第一个在上海采用人造胶合板为基材制造家具,在所设计的海派家具中大胆巧妙地运用玻璃制品,如艺术玻璃、轧花玻璃、车边镜面等;把家具中门与柜体活动连接部件改用铰链;家具的锁改中式的挂锁为西洋圆心铜制锁;在家具的门面胶合板(俗称央板)表面复贴各种名贵树种木皮来装饰。将乌木、枫木、椴木的薄木皮进行艺术组合,利用复贴木皮的固有色进行艺术拼接,尤其用枫木根瘤部位的木皮拼花,创造了上海滩有名的"美泊尔艺术木皮装饰"家具。艺林家具店还巧妙地把现代工业材料用在海派家具部件中,如把椅子的木扶手改为金属扶手;把书写椅改为铁质机械丝杆为支架,可转动的铁木结合的转椅;把制造家具的黏接剂由传统的动物胶(黄鱼胶)改为化工合成胶;把家具表面涂饰的材料改为应用化工涂料……这些改革带来了海派家具的现代时尚气息,使家具制造在结构工艺上发生了根本的变化,促使了家具工业的发展。钟晃先生的艺林家具店新颖的流线型样式海派家具风靡上海,不少家具作坊仿制。他引领的海派阿尔代克样式风格家具在毛金泰木器有限公司得到了发扬。

此时海派家具发展很快,品种繁多。1935年国人有了自己生产的弹簧机器,彻底抛弃了手工制簧。上海建立了沙发同业公会使软体家具得到了快速发展。与家具配套的席梦思床垫等花色也很多，受到了市民的热捧。

### 2.海派风格家具铸就了当时中国家具的辉煌

中国的传统家具一般指明清时期的家具，清乾隆时代家具还有明代家具的风采和韵味，清后期的家具变得重装饰轻结构，讲究整体的华丽。开埠之后西方家具传入，上海是西方文明与东方文明的交汇点，但两种文明并存。所以西式家具和中式家具同时融合各自发展演化。20世纪30年代海派传统古典家具在材料结构上得到了革新，大量使用现代工业材料制作家具，在造型上也设计出具有我国民族特色的流线型家具，在家具产品的类型上更符合上海中产阶级居住条件的环境。石库门建筑作为当时上海市民居住的主流，使海派家具向小型化发展。比如改五门或六门的大衣柜为三门式大衣柜，如图3-45所示；大型的西方多屉柜改为贮放衣服的小衣柜，如图3-46所示；各种梳妆台样式层出不穷，如图3-47所示；可软硬两用自由选择的独特海派椅，如图3-48所示；以及多种款式的沙发；由于石库门建筑室内功能空间划出了盥洗室（化妆间），相应的洗脸台家具也应运而生，如图3-49所示。实用、体积小、功能全、组合式的阿尔代克风格海派家具被当时上海的中产阶级、文化人士、工商业者追捧，也被越来越多的传统家庭接受，成为海派家具辉煌时期的代表之一。

专门制作传统中式家具的张万年木器号，创立于清同治元年（1862年）的上海。该木器号专业制造明清家具，尤以清中后期家具为主，用紫檀、酸枝、花梨、鸡翅等红木为主材。上海的上流社会人士在私宅内的书房往往摆放着张万年木器号的中式传统红木书房家具，而在其卧室内的陈设大多是毛全泰木器有限公司等木器店生产的海派西式卧房家具。这激起了张万年木器号要把中式家具与西式家具结合并予以改良的中式西做的创意，使上海传统家具进入了承上启下融合中西款式之长的转折点。张万年家具店设计的中式西做红木家具对原先烦琐的雕刻工艺简略，只在家具的重要部位略施雕刻，使烦琐

图3-45 小型化的大衣柜

图3-46　小衣柜

图3-47　各种款式的梳妆台

图3-48 可软硬两用自由选择的海派独特设计之椅

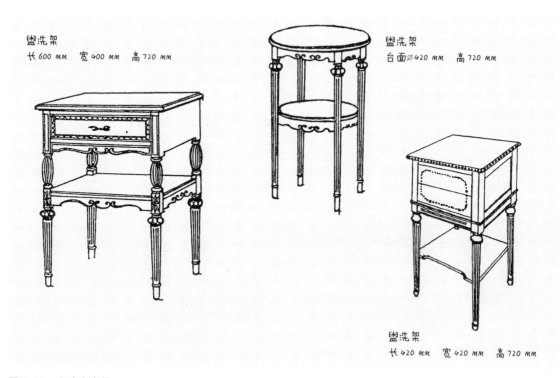

盥洗架
长600 mm 宽400 mm 高720 mm

盥洗架
台面∅420 mm 高720 mm

盥洗架
长420 mm 宽420 mm 高720 mm

图3-49 盥洗室家具

的中式家具显得素净又大方。在家具的结构样式上力求西方家具的线条之美，在雕饰中多用西式花卉、果实图案。虽然家具以英国、意大利等国际流行家具款式为母本，但坚持用红木来制作家具。这种款式的家具一经问世立刻风靡上海滩，上海很多家具商店、木作坊相互仿效，并被市民称为现代摩登红木房间家具，成为海派家具的另一朵奇艳之花。可以说张万年木器号是第一个中式西做的开创者，而扛起现在摩登红木家具大旗的并继承发扬光大的则是1921年在上海由水亦明先生创建的明昌木器店，1926年改名为水明昌木器公司，专门生产红木西做的摩登家具，客户高端、技艺精良、样式也与时俱进。水明昌与毛全泰成为民国时期上海海派家具的旗帜，家具业界的翘楚。

抗战期间上海沦为孤岛，尽管家具有需求但因战局所致，库存的红木原材料断档。一些规模较小的家具店、红木制作坊就收购红木旧家具，把旧家具拆开取其厚料，改制成薄片作为复贴的表材，内心则用白木。这样红木包料制法做成的中式西做的家具不能列入精品。有的小作坊在做"红木"家具时，为表现红木的重量感在加工时内部填充以石块、水泥等。在这种情况下，水明昌木器公司果断弃红木，采用柚木和柳桉木树种为主材，同毛全泰木器公司一起并肩把海派家具做得更加有声有色。

### 3. 旧上海的海派家具生产制造的部分代表性企业名录

名录中列出的制作海派家具的企业有西方侨民开设的家具厂，也有国人开设的家具作坊，并按设厂的时间先后予以排列，名录中涵盖了木材化锯厂、中西式的家具厂、软体家具及铁质家具制造厂等，见表3-1。

表3-1 部分旧上海家具业开设一览表

| 名称 | 国籍 | 开办年份 | 业务范围 | 负责人 | 地址 | 备注 |
|---|---|---|---|---|---|---|
| 泰昌木器 | 中 | 1871年 | 生产西方传入家具 | 乐宗葆 | 南京东路740号 | 首创海派仿西洋家具 |
| 张万年木器号 | 中 | 1862年（清同治元年） | 先生产中式家具，后首创海派现代摩登红木家具 | 张万年 张中原 | 直棣路73号 | 家具中式西做的引领人 |
| 祥春木行锯材厂 | 德 | 1884年 | 机器锯木并生产西式家具 | 斯奈公司 尼芙莱奇 | | 机器制家具在华的开端 |

（续表）

| 名称 | 国籍 | 开办年份 | 业务范围 | 负责人 | 地址 | 备注 |
|---|---|---|---|---|---|---|
| 福利公司家具 | 英 | 1885年 | 生产英式高档家具 | 诺克斯 张龄增 | 凤阳路927号 | |
| 毛全泰木器公司 | 中 | 1888年 | 专营全套海派西式家具 | 毛茂林 杨裕丰 | 东体育会路567号四川路600号 | 工厂门店 |
| 上海机械锯材厂 | 中 | 1903年 | 专业木材化锯 | 张孝行 | | 中国首家木材化锯厂 |
| 美艺木器装饰公司 | 英 | 1905年 | 生产海派西式家具 | 海克斯缅因·裴莱 | 南京西路927号 | |
| 现代家庭 | 德 | 1920年 | 出售西洋家具（家具由升泰木器制作） | 泡力克 | 南京西路鸿翔公司 | |
| 水明昌木器公司 | 中 | 1921年 | 生产摩登红木家具和西式家具 | 水亦明 | 四川中路450号闸北天通庵路 | 门店工厂 |
| 美国席梦思公司 | 美 | 1932年 | 生产铁床、席梦思 | | 榆林路620号 | 床垫在华制造第一家 |
| 艺林家具店 | 中 | 1932年 | 生产海派现代西式家具 | 钟晃 | 淮海路 | 海派家具走向现代海派第一人 |
| 席梦思钢铁厂 | 英 | 1933年 | 生产英式铁床和床垫 | 蒋信益 | | |
| 升泰木器 | 中 | 1934年 | 生产西式家具和现代家庭合作 | | | |
| 安眠思机器床垫厂 | 中 | 1935年 | 制造家具用机械弹簧和床垫 | | | 国产第一家床垫厂 |
| 松下洋行家具厂 | 日 | 1938年 | 生产日式家具专为日侨制作 | | 四川路横浜桥附近 | |

第四章

# 现代海派家具的
# 传承与发展

# 第一节 现代海派家具的现状

　　20世纪80年代改革开放的浪潮席卷全国，30余年的计划经济不复存在，社会主义市场经济成为不可阻挡的历史潮流，海派家具也同样地接受了市场的洗礼。作为上海家具业界的核心，上海竹木用品工业公司（后更名为上海家具总公司）也面临改制，整合、重组。终于1994年上海市家具行业协会成立了，这是跨地区、跨部门、不同隶属关系和不同所有制的工业、商业和相关的企事业单位自愿组织起来的行业性社会团体。标志着上海家具业从20世纪80年代中期经历了十多年的大动荡、大分化后又重新组织了起来。

## 一、海派现代家具蓬勃发展

　　市民对计划经济下所提供的海派家具款式、品种已不感兴趣，之前的海派家具已不能满足日渐改善的居住环境，寻求呼唤海派新的风格样式家具已成为市场的必然需求。20世纪80年代在上海有成千上万对海派家具充满激情的人士为了艺术的追求，为了海派文化的弘扬自发地组织成立了为数众多的大大小小的家具厂，打破了上海家具总公司一统天下的格局。上海家具总公司内部企业也冲破禁令，自主设计成套木家具，自主制造和销售。这两股力量汇聚到家具市场后促进了海派家具发展，增添了市场活力。

　　1985～1990年，家具市场呈现的主流是海派卧房组合家具大多是近郊和江浙的新办家具工厂制作。上海市稍有规模的家具厂设计制作了以人造板为主的多彩成套卧房家具。在整个90年代，海派成套卧房家具和起居室、餐厅家具是市场的主导商品。随着居住环境的不断改善，书房家具与儿童房家具成为市民的新宠。人们喜爱为卧房和客厅配置海派家具，为书房陈设新样式海派红木家具，这证明了红木家具被划入观赏性艺术家具范畴后，在市场的召唤下又重返市民的家庭。许多家具厂商为了迎合市民对洋家具的从众心理，一头扎进被称为万国建筑博览的上海外滩去领悟建筑的艺术和不朽的风格,在海派洋建筑群中寻求灵感,从而设计制作了一大批仿西洋的海派现代复古风格的家具。书房陈设的红木家具多以明清家具为基调,融入民国时期的设计元素,用复古的形态逐渐走进市场。

进入21世纪后城市规模扩大,城市化进程得到了飞速发展。市民的环保意识增强,对海派现代家具的用料非常关注,通过每年国际家具博览会等诸多平台人们获取家具信息也更容易。纯实木用材后现代风格的海派样式,成为高端住房用户配置的主流。国际范围各种经典和现代流派家具融入国内市场,使海派现代家具置于范围更大,发展更为广阔的天地之中。

经过多年的大浪淘沙,上海家具界的上海亚振家具有限公司在20余年的创业、奋斗中异军突起,不间断地开发了以流行于20世纪30年代上海海派装饰艺术风格样式家具为基调,顺应新时代的众多海派现代风格系列家具。亚振公司积极参与国家重大工程配套任务,在世博会中把中国的海派风格家具展示于全世界。

## 二、全国家具业大环境下的进步现状

以实木为主的中国家具历来是传统的榫卯制式,20世纪60年代国家开始生产人造板并逐渐被家具业所接受。70年代在上海首现以圆棒榫与胶结合的不可拆装的板式家具,标志着上海家具研究所承担轻工部下达的大衣橱标准化、系列化、部件化的三化科研项目完成。上海家具研究所科研小组设计的以浙江地区叠式家具为原本的"组合家具"被全国首届科技大会评为重大科技成果。80年代中后期因很多外资企业进入国内,在沿海地区诞生了真正意义上的板式家具,在全国兴起了板式组合家具的热潮,板式组合家具以多功能、占地少、价格经济的优势推动了中国家具的进步,产品老、大、笨、重的形象被丰富多彩的花色、品种所取代。80年代是中国家具发展的起步阶段,之后中国家具基本结束半机械半手工的家具制造状态,实现了机械化、自动化生产,得到迅猛发展的家具业终于在国际市场占有一席之地。这一时期也是中国现代家具产业初步形成的时期。改革开放的前沿地广东涌现了很多家具厂商,其规模全国之最。海派家具在这种大形势下,对原材料、工艺结构、技术装备和专业化生产方面进行变革,外资和国外产品的进入促进了海派家具融入世界。

简而言之,现代海派家具在中国现代家具产业初步形成阶段取得了长足的进步,风格推陈出新、款式丰富多彩,可惜多为模仿复制原创极少。

## 三、影响现代海派家具发展的因素

现代海派家具的发展是由多种因素综合集结而成的。

首先,1975年国家轻工业部颁发第一部《常用家具基本尺寸》SG98-75家具部级标准后,又经历了近40年的时间基本形成了家具标准化体系。先后制定了六大类的标准:家具通用标准、木家具相关标准、金属家具相关标准、公共家具通用标准、软体家具相关标准和其他家具相关标准。还对家具的技术与基础、家具产品质量、家具产品试验方法、家具的化学涂层试验方法、家具的部分辅助材料及试验方法等,制定了轻工业行业标准。这一系列家具标准对设计、材料、制造工艺、质量检验、贸易、监督检验和科研作了规范,引领着现代海派家具的进步之路,规范着海派家具的走向。所以说完整的家具标准化体系是海派艺术家具发展的基本保证。

其次,海派家具使用的原材料变化,推动了现代海派家具工艺结构的进步。人造板的使用改变了传统实木制作的框架构造,使榫卯连接与金属螺钉、圆钉相辅相成。人造板作为制作家具的主材料丰富了人造板表面装饰处理的二次加工技术,板式组合家具的出现、现代五金装配连接件的应用,改变了家具先组装后油漆的涂饰方法,诞生了先油漆涂饰后组装成形的新工艺。家具的拆与装更为便捷,真正实现了部件化生产。

第三,现代化和专业化生产的实现。改革开放后,德国、意大利、日本等先进设备被引进国内,为现代家具机械化、自动化的制造创造有利条件。木加工和涂饰加工的先进工装设备的引进,变革了一系列的工艺过程。创新的现代工艺技术和现代海派家具的形态证明了海派家具的发展。

最后,现代科学技术信息的畅通使海派家具处于动态发展之中。《上海家具》刊物是上海市家具行业协会的喉舌,它的法规导向、行业动态、管理知识、市场分析、消费指南、展会评述等国内外有关信息的发布使行业发展受益。行业协会还积极组织行业内外及国际的各种家具交流活动,使海派现代家具在市场中与古典风格家具、新古典风格家具、后现代风格家具、现代简约风格家具、田园乡村风格家具等同存于世界家具的大家庭中，互相渗透、互相影响、互相取长补短而共同发展。同时海派家具在发展中认识到要与环境和谐相处，进行绿色设计的同时紧跟科技进步步伐，在互联网＋时代将大数据、多元智能技术应用于海派家具的发展之中。

# 第二节　海派家具成为时尚的代表

## 一、现代海派家具时尚的符号

以花梨木、酸枝木、柚木、榉木、胡桃木等材料做成的海派家具，以古典的东方文化内涵和现代榫卯工艺成为经典。它的结构简练、线条流畅、艺术感强，手工雕刻的图案复杂而瑰丽，精致而大气。在整体海派家具的环境中散发出时尚魅力离不开配饰的衬托作用：壁纸、灯具、挂画、布艺等都要运用得恰到好处（图4-1）。

图4-1　现代海派卧室家具

图4-2　海派用餐家具

　　图4-2的海派家具装饰中有着传统与现代的工艺设计,造型与装饰让经典成为时尚。海派家具将欧式经典与时尚纳入中国传统家具中,这种融合是以本土文化为基础的,是工艺设计与时俱进的产物。

　　海派家具历经时间的洗礼、岁月的雕琢渐入人心,它的产生与发展离不开中国土壤的栽培。海派家具作为艺术家具造型优美、工艺精湛是必要前提,家具形式紧跟生活方式的脚步,迎合了大部分群体的情感诉求。海派艺术家具不仅在功能和舒适度上可以适合现代人的生活方式,而且通过它的韵味和经典的元素也能品出这个时代的真意。

## 二、海派家具与现代公共空间对话

### 1. 流金岁月与新天地

　　海派家具透射出来的尊贵与奢华足以使人震撼,海派家具与空间环境中息息相关的各类艺术珍品可以营造出神秘和高贵的情调,让观赏者尽情地领略艺术与古典的完美交融(图4-3)。

　　空间环境的整体性营造是现代设计的关键因素,虽然统一协调的原则很重要但不能过分强调,因为过分统一的结果必然是单调无味、缺乏主次。如今在宾馆、饭店中大量采用海派家具已成时尚,但海派家具

图4-3　现代环境与家具

在空间中过度组合容易对人形成强烈的视觉冲击,影响整体效果。

饭店、酒吧、茶馆选择海派家具时,需要与室内环境的整体风格相协调,使家具的造型、色彩和灯光传递出传统与现代和谐下的温馨、舒适的氛围,于不经意间将访客带进中国文化的流金岁月。现代艺术标榜的就是宽容与和谐,可通过西方文化元素的注入让空间环境的设计更具国际意味。

### 2.海派家具的新空间

海派家具凭借流畅的雕刻工艺和材质本身的纹理、色泽,散发出迷人的魅力。在现代生活中它的回归和再发展是不难理解的。

海派家具在室内空间整体设计时是预先设定的,它通常"站立"于室内可以灵活移动,把空间分隔成大小适宜的单元。家具中的艺术符号与现代环境设计相处一室,人们会有时空交替的奇妙感觉。

## 三、海派家具已成为现代家居时尚载体

### 1.海派家具进入大众家居

海派家具的功能主要是使用,同时它的艺术美感能愉悦身心,让人得到充分的放松与享受。海派家具在室内环境安排时与周围协调还可

图4-4　新海派家具成为
视觉中心

增添空间的层次感和趣味性。室内空间的效果好坏影响着人们的情感
与情绪,在室内环境中输入丰富的知觉变化是生活必需的。

若室内有走廊,可在走廊尽头放置具有艺术感的海派家具(图
4-4),打上灯光营造与前辈文人骚客之脉息呼应的氛围。

在开放连贯的起居室大空间中加入海派家具文化元素(图4-5),
使居室色调舒适又不失现代感,营造出典雅端庄的氛围。海派家具风格
书柜、皮沙发、茶几及壁柜,这些家具延续了精细的雕刻并装饰镀金铜
饰,线条流畅、色彩富丽、艺术感强,带有一种天生无可复制的尊贵和浓
郁的海派人文气息。

图4-5　新海派家具与卧室空间

　　细细品味这些家具,在惊叹传统艺人精细的刀工之余,我们更会沉浸在无边无际的遐想之中,仿佛海派家具在现代与传统文化之间接通了一条时空通道。这些由生活积累与艺术经验铸造的画面,的确能为现代都市生活增添一丝古典的审美情趣。

### 2.海派家具与现代风格家具

　　海派家具与现代家具是同一脉络的实用品,当它们同时出现在一个环境中会相互协调,你中有我、我中有你。想要表现现代简洁的室内环境时,海派家具可少量出现作为装饰,其他家具则须采用现代简洁的造型与之对应,让两个个性很突出的"对话者"各自形成个性张扬的艺术特征,如图4-6所示。

　　若想表现具有欧美古典风格的室内装饰特征时,海派家具要在室内环境中处于很显眼的地位,另外使用具有古典时尚的陈设艺术品达到适当的比例与其配合,我们的眼睛才不会感到过火。正因为有了数量上的保证,它们才能以丰富而鲜明的风格演绎各自的艺术主张和价值取向。雕花元素的茶几往往处于客厅中心的位置。家人闲聊或与客人相聚时沏一壶热气腾腾的香茗,大家围茶几而坐既亲切又温馨,茶几也会给人留下最深的印象(图4-7)。

图4-6　现代简洁的室内环境

图4-7　雕花元素茶几的应用

　　随着市场的发展,全国各地的家具生产厂商像雨后春笋般涌现。在大量涌现的现代海派家具中,最具代表性的应属上海亚振家具集团公司的产品(图4-8、图4-9),亚振也是唯一一家2015年米兰世博会中国馆的家具企业代表。

　　现代人对铭刻着时间符号的海派家具怀有深深的依恋,这种依恋之情正逐步转变为对传统文化进行再解释的行为实践。相信经过一段时间的审美甄别,会有越来越多的海派家具会成为未来的时尚。

图4-8 亚振：枫丹白露系列

图4-9 亚振：恺撒尼亚系列

# 第三节 海派家具的展望

## 一、面对未来的多元时代

时代的脚步已迈入了21世纪，科学技术的高度发展使世界变成了地球村。海派家具根植于中国广袤的土壤之中，是西方工业革命和东方中华文明结合的产物。海纳百川、兼容并举是其精髓,创新是其灵魂。

在未来的多元时代,走家具的"绿色设计"之路是海派家具能持续进步发展的根本保证。现代海派家具设计应在家具产品、家具形态、家具环境、家具生命周期等多方面考虑。在家具产品整个生命周期内着重考虑家具的环境属性(自然资源的利用,环境影响,以及可拆卸性、可回收性、可重复利用性等),并将其作为家具的设计目标。在实现家具产品应有的基本功能、使用寿命的基础上,使产品满足生态环境的目标要求,把低污染、低毒、节能作为家具绿色设计的总体目标。要把家具绿色设计落实在对科学技术因素、工艺性、文化内涵及创新实践的持续探讨研究之中。

在科学技术高度发展的今天,现代海派家具面对多元时代应创建互联网+现代海派家具工具。通过互联网与现代海派家具的结合注重人类工效学并把当代高科技的技术移植于家具之中,创新设计走家具智能化之路。把家具智能化融入现代的社会与生活,为现代人服务。设计师应对世界范围内的多民族文化背景加以研究,研究各民族的经典与时尚所内含的精髓和元素并提炼为符号,将它们与中华的艺术元素有机地组合搭配,创造现代海派家具的新样式。

## 二、开创现代海派家具的中国风

18世纪英国著名建筑师威廉·奇伯思曾两次来到中国,他是西方最早介绍中国建筑的先行者之一,他对中国建筑有较广泛又深入的考察,深化了欧洲人对中国建筑和园林的认识。1757～1763年他为英国王太后设计的丘园(图4-10)按照中国的造园规则营造,丘园的新奇面貌撩拨起其他贵族、富商对中国园林、中国建筑、中国文化的浓厚兴趣,激起了他们对于中国的追慕与向往。以后的100年里,西方家具开始大量涌入中国,海派家具也应势而生。经历了数十年的演变,海派西式家具与海派中式红木家具终于成为海派家具两朵并蒂姊妹花,铸就了民国时期家具的辉煌。20世纪50年代海派西式家具进行了简约风格的转变,逐渐成为普通市民钟爱的实用家具。海派红木家具与中国传统明清家具一道演变为观赏性为主的艺术家具。20世纪80年

图4-10　丘园中的中国塔

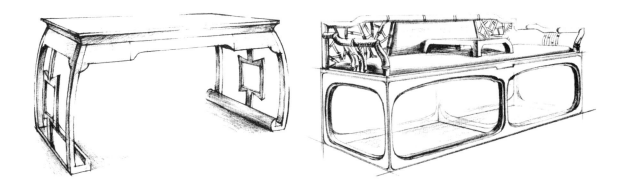

代后期，海派家具这两朵姊妹花才又重新汇聚。到21世纪科学技术突飞猛进，家具工业已跨入工业化时代的行列。时代在呼唤新的艺术形态，家具同样不例外，海派家具也发展到"现代"的阶段。这启迪着家具设计师们必须细致入微地研究海派家具的历史。如何承载中华文化精髓，尤其是中国家具的瑰宝——明式家具的艺术之美；如何使海派中式红木家具样式与海派西式家具风格糅合在一起；如何引用国际先进艺术流派的家具元素，使海派家具再一次地海纳百川身兼包容；如何以原创的设计创建现代海派家具，使其从中华大地走向世界，掀起现代海派家具的中国风等是当今设计师需要思考的问题。上海亚振家具公司用当代家具加工技术和当代材料，用多种传统装饰风格和形式，作了可贵的具有深远历史意义的尝试，原创设计制作了现代海派风格家具——丝路台，如图4-11所示；冰裂人和沙发，如图4-12所示；海派椅，如图4-13所示；汉唐印象椅，如图4-14所示；让世界看到了新一轮中国的曙光。

图4-13　海派椅

图4-14　汉唐印象椅

第五章

# 上海20世纪初至40年代海派艺术家具的图样原稿

20世纪初至40年代上海广为流行的海派家具既继承了我国明清家具优美的造型和精湛的制作技艺,又融合了西方古典家具的精美装饰与恰到好处的雕刻饰纹及先进的涂饰工艺,加上用材也不是明清家具的昂贵硬材,使得它成为人们家庭中美轮美奂又舒适实用的艺术家具。

这种家具在当时的社会环境下都是手工作坊制造的,前店后工厂的模式下,多数店员既是销售员又是设计师。店员在听取顾客购制家具的要求时,手里拿着铅笔直接在订货单上画出家具的草稿(俗称草样)。顾客说完后草样也画好了,再请顾客审核是否符合要求,基本符合后店员再绘正式图纸。图纸一般只绘透视图(俗称小样),尺寸标注在标题栏内,很少要求画彩色透视小样或效果图。要求定制家具者大多是社会名流或外籍人士,所以现在保存的家具图中家具名称都是英文,所标尺寸都是英制。为了保持原图的"原汁原味",故未翻译并采用照片的形式刊印于书上。由于当时条件所限,彩色的效果图保留得很少。随着时代与社会的变迁,海派家具图纸遗存至今的已寥寥无几,所以这些图纸已经成为十分珍贵的历史资料。为了便于广大读者参考、鉴赏,现精选了一部分图纸刊印面世,并分成仿明清式艺术家具风格与仿西式艺术家具风格两类图样罗列。这两类家具是一类"以中为主,以洋为辅",一类"以洋为主,以中为辅"。若以家具的用材及表面着色又分为"红木家具"与"白木家具",不管如何称呼,总之统称为海派艺术家具。当时在上海家具行业中涌现了一大批海派家具设计大师,如:水叔承、张念叙、金焙良、屠视超、陈大雄等,还有不少的外国设计师。他们的设计作品在当时得到了社会公认的好评,遗憾的是保存至今的作品很少。

## 第一节　仿明清式艺术家具风格图

所谓仿明清式海派艺术家具,是设计师在设计时融入了一些明清家具的元素和风格,或以明清式家具元素为主的一大类海派家具。其中也糅合了一些西方家具的造型和款式，只不过中式家具味道浓一些，所以明清式艺术家具亦称"中式"海派家具。

## 一、海派仿明式家具

（1）仿明式卧室套装家具，如图5-1所示：有片床、床边框、单人沙发、双门衣橱、梳妆台、梳妆凳、梳妆写字台共七件。家具脚型多仿明式鼓腿、膨牙展腿、内翻马蹄足。家具中线型是万字回纹，用薄木花纹贴面镶边。软包的梳妆凳和沙发是上海维多利亚工艺美术木器有限公司20世纪初典型的海派家具产品。

（2）格雷纳仿明式卧房套装家具，如图5-2所示：有高低床、床边柜、双门大衣橱、双门矮衣橱（俗称五斗橱）、软垫靠背椅、梳妆台镜、梳妆凳等共七件。家具脚型是"所罗门柱式"（南方称"铰链棒"、"麻花柱状"，北方称"麦糖柱式"）股形腿，是典型欧式风格。大平面采用明式回纹镶线，具有简洁的海派家具风格，是20世纪20年代的产品。

（3）温切斯特卧室套装家具，如图5-3所示：有双人高低床、床边柜、三门大衣橱、五斗柜、写字台、靠背椅、三镜梳妆台、梳妆凳共八件。整套家具采用镶嵌攒板框架式和双包厢仿明式，有套圈装饰花线和回字纹攒板，简洁秀气。

（4）简洁明式直脚休闲家具彩色小样图，如图5-4所示：有三人

图5-1　仿明式卧室套装家具

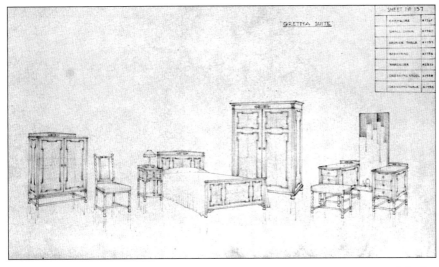

图5-2 格雷纳仿明式
卧房套装家具

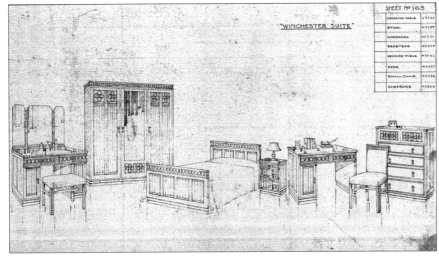

图5-3 温切斯特卧室
套装家具

图5-4 彩色小图样

沙发、贵妃床、书柜、小方台、单人沙发、扶手椅、套几两只共八件。此类家具不用任何花式装饰，直线直脚。这类彩色效果图只着家具本身，恰到好处地显现了家具的本来面貌，使家具华而不贵的本质一览无余。

## 二、海派仿清式家具

（1）仿清式艺术家具彩色透视图，如图5-5所示：有高低床、两只床边柜、双门矮衣橱（五斗橱）、梳妆镜台、梳妆凳、榻床共七件。这是用布纹纸绘制的透视效果图，它的透视原理和用色的效果都恰到好处。家具的造型选用仿清式三湾腿和西番莲雕花外翻虎型脚，望板挡板采用西番莲花纹雕刻装饰，床的高片采用软包靠背面，温馨舒适。

（2）海派仿清式会客厅家具，如图5-6所示：有三人沙发、扶手椅、罗圈椅、单人沙发及造型别致的靠垫、长茶几、小方茶几、软包搁脚凳、仿清式花盆架、仿清式花瓶落地灯座共九件。这种客厅家具既有古朴温馨的舒适感，又有豪华富贵的气质。

（3）伊普斯威奇仿清式客厅套装家具，如图5-7所示：有长沙发、大圆茶几、单人沙发、搁脚凳、靠背椅、花盆架、仿清式扶手椅、小型圆茶几共八件。它是典型的仿清式三弯腿家具，并且在第一弯处有简洁的仿西式花饰雕刻，既古色古香又醇厚质朴，造型简洁明快。

图5-5　仿清式艺术家具

图5-6 海派仿清式会客厅家具

图5-7 伊普斯威奇仿清式客厅套装家具

# 第二节 仿西方式艺术家具风格图样

所谓仿西方式艺术家具，是当时家具设计师们根据客户要求并结合当时流行的潮流元素，"以洋为主、以中为辅"所设计的一种海派家具，是西方家具元素符号浓一些的家具。有仿路易式家具、维多利亚式家具、伊丽莎白式家具、文艺复兴时期巴洛克式家具等，上海地区统称"西式"家具。这类家具的涂饰采用"蜡克"、"洋干漆"（虫胶液），色泽改变了明清式家具"清一色的深红色"，软装饰也用配套色彩。

这里推荐几幅仿英式、仿法式、仿意大利巴洛克式家具图样供大家参考。

## 一、仿英式家具

英式家具主要是指英国18世纪工业革命成功后的威廉玛丽式、安娜女王式，以及19世纪的工艺美术运动后的维多利亚式家具。这里的仿英式家具与真正英式家具的面貌已完全不同，只存在某些相同元素或相似造型。

（1）由维多利亚工艺美术木器公司设计的"维多利亚"牌套装卧室家具共十二件（图5-8），采用蜘蛛网状木纹，直木纹板式结构。有三门大衣橱、双人高低床、床头柜、双门五斗橱（亦称小衣橱）、小圆桌、梳妆柜、梳妆凳、单人沙发、靠背椅、贵妃床、落地灯、高低侧几。全套设计简洁、轻盈、温馨，是现代板式家具的鼻祖。

**图5-8　"维多利亚"牌套装卧室家具**

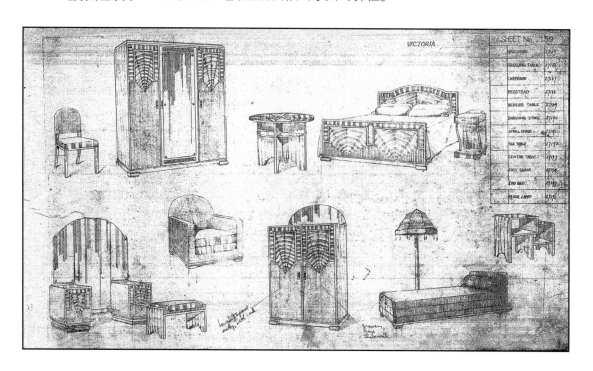

（2）英国文艺复兴时期伊丽莎白式卧室套装家具彩色效果图
（图5-9）中有双人床、床边柜、小圆桌、靠背椅、梳妆写字两用台、梳
妆凳共六件。原稿用布纹纸绘制，着色鲜艳。窗帘、窗幔与家具的
软包都是用统一的花纹与色调，家具腿都是伊丽莎白蜜瓜形柱式，
每根腿柱都有规律地变化，腿的下方用牛角牵脚档连接，结实、大
气、卓尔不凡。

（3）国王桥客厅套装家具（图5-10），有高背三人沙发、高背单人沙
发、小茶几、小椭圆桌、特高靠背扶手软座椅共五件。也是蜜瓜形镟木
腿、牛角牵脚档连接。

**图5-9　伊丽莎白式卧室
套装家具**

## 二、仿法式家具

所谓的仿法式，是指设计师在设计家具时考虑应用法式家具中的
某些元素符号，如路易十四时期的线型、花饰或基本形制，与真正的法式
家具仍有较大区别。

（1）拿破仑时期的家具式样采用了刻板的线条和粗笨的造型，在装

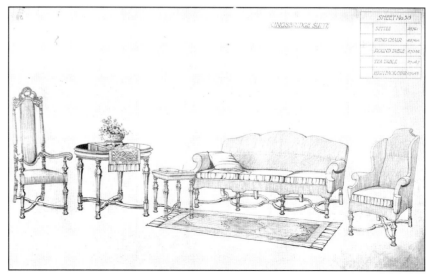

图5-10 国王桥客厅套装
家具

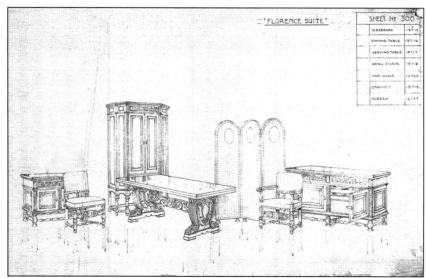

图5-11 帝政式西餐厅家具

饰上几乎使用了所有古典题材的纹样。如图5-11所示，餐厅家具有大
餐桌、银器橱、大餐柜、小餐柜、扶手椅、靠背椅、三扇屏风一座共七件，这
类帝政式家具雕刻豪华、造型笨拙，庄严威武感强。

（2）仿路易十六式马赛套装家具（图5-12），有大衣橱、长五斗橱、
梳妆台、双人床、床头柜、靠背椅、梳妆凳共七件。18世纪下半叶的路易
十六时期，复兴古典之风盛行，家具仍然以直线作为造型的基调，多为朴
素的四方形，如衣橱门、旁板与抽斗面板都用四方形框正。腿是下溜式
的圆柱体，并雕有长条的凹槽。沙发坐垫厚实、稳重。

（3）简洁式仿路易十六式办公家具（图5-13），有办公桌、扶手椅、

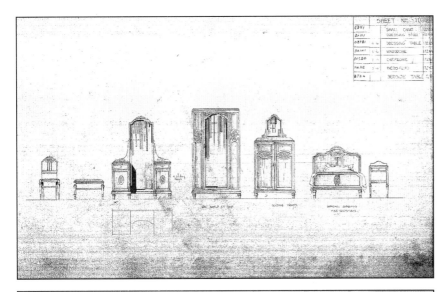

图5-12　仿路易十六式马赛套装家具

图5-13　简洁式仿路易十六式办公家具

玻璃门文件橱、小圆桌、三人沙发共五件。四方形框都有方形槽,腿是典型的路易十六式下溜带长条凹槽的腿。

## 三、仿意大利文艺复兴时期的家具

仿意大利文艺复兴时期的家具主要是巴洛克式家具。图5-14是一张十分珍贵的效果图,它的透视原理与效果已近似照片,不仅有家具还有背景墙、窗帘、窗幔、吊灯、壁灯、台灯、落地灯,地面的装饰都恰到好处。图中家具有巴洛克式代表符号之一:所罗门柱式的腿,即我们常说

**图5-14 巴洛克式家具**

的"铰链棒"柱腿。小圆茶几、小方茶几、长方桌等都有巴洛克花饰雕刻，所有坐具都是用相同面料包覆。茶几及长桌上厚厚的书本，说明了订制家具的客户是有知识修养的文人雅士。

为了应对不同国家客户的设计需要，除了巴洛克式家具外还有洛可可式、哥特式，在后面的分类家具介绍中都有出现，在此就不再列举。

# 第六章

# 海派艺术家具分类图集

第五章精选了上海地区遗存的20世纪初至40年代流行的海派艺术家具设计稿,并按"中式"和"西式"风格分类。现在我们再精选一部分原稿,把里面的单件进行分类整理,由资深设计师精心绘制,并把原稿中标注的英文名称译成中文,英制尺寸换算成公制尺寸,便于读者按照现代家具的尺寸进行对比。第五章按家具的形制造型及整套家具进行表述,现在再按单件家具的功能用途进行分类分列,即柜橱类、床榻类、椅凳(包括沙发)类、茶几类、桌台类,以及屏风架子类等,精选了一些有代表性的不分"中式"或"西式"的单件家具图进行推介,供读者在研究与设计海派家具时参考。

# 第一节　柜橱类家具图

柜与橱如何分类,古代与当今刚好相反,古代分为柜、橱与柜橱三类:一般比较高大而有门的称柜,较柜低矮一些有抽屉的称为橱,柜橱则是一种兼备柜、橱,以及桌案三种功能的家具,它在橱的下方装上柜门,顶面做成桌面或案面。明代黄花梨三联柜橱(图6-1)的形体不大,柜橱面可作桌案使用,面板下方安装抽屉,抽屉下方安装两扇柜门,内安装膛板分上下两层。明清时期这种柜橱家具种类很多,而在海派家具中不多见。现代人一般把比较高大的称为橱,如大衣橱、小衣橱、五斗橱、银器橱、餐具橱、书橱、伞杖橱等;比较低矮的称为柜,如床边柜、梳妆柜、盥洗柜、酒柜等。橱、柜不再以门与抽屉区分,他们的共同特点是:

图6-1　明代黄花梨三联柜橱

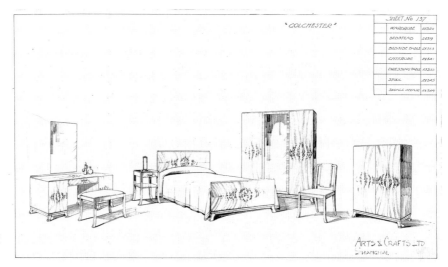

图6-2 科尔切斯特卧室
套装家具

图6-3 卧室套装家具

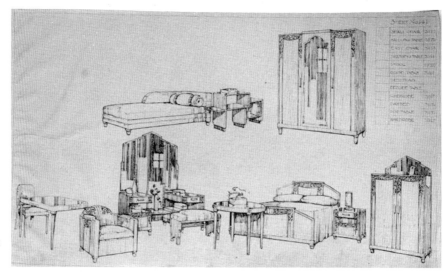

图6-4 卧室、客厅、餐
厅家具

都由顶盘、脚盘与身体三部分组成。顶盘（顶部）与脚盘（底部）是起装饰作用的部位，这三部分可以拆卸分离便于运输，北方把这种家具称为"戴帽穿靴"家具。在介绍单件橱柜类家具之前我们推荐如图6-5、图6-6、图6-7所示的实景家具照，便于大家欣赏海派家具的整体风貌。

左：图6-5　海派风格客厅家具

中：图6-6　海派风格起居室

右：图6-7　海派风格书房家具

## 一、橱类家具

橱类家具：严格区分很难，仅以大小或用途大致分为大衣橱、小衣橱、五斗橱、书橱、银器及餐具橱、衣帽及伞杖橱等。

（1）大衣橱：一般比较高大，在套装家具中属最大件，它的高在1 800 mm以上，宽度1 100 mm以上，深度550 mm以上［图6-8（1）～图6-8（4）］。

（2）小衣橱：所谓小衣橱，就是比大衣橱矮小些，功能与大衣橱相似。台面后边安装有梳妆镜，台面板可搁置物品。其台面高1 000 mm以上，宽900 mm以上，深度500 mm以上［图6-9（1）～图6-9（4）］。

（3）五斗橱：五斗橱法文为Commode，指多抽屉柜，五斗橱其实就是多抽屉柜的中式名称。清代李渔主张立柜多设搁板和抽屉。海派家具中的五斗橱与小衣橱没有多大区别，尺度也基本相同［图6-10（1）～图6-10（4）］。

（4）书橱：书橱就是古代的书柜或多宝格，只是搁板放书已改古代平放为立放。书橱的尺度比小衣橱高，比大衣橱低，宽度基本和小衣橱相同，但深度一般只有300～350 mm，如图6-11（1）～

大衣橱（1）
宽 1 700 mm
深 600 mm
高 2 130 mm

大衣橱（2）
宽 1 700 mm
深 600 mm
高 2 100 mm

大衣橱（3）
宽 1 700 mm
深 600 mm
高 2 000 mm

大衣橱（4）
宽 1 700 mm
深 600 mm
高 2 000 mm

图6-8　大衣橱

图6-11（2）所示。图6-12是20世纪30年代屠视超设计师设计的海派风格书房家具。

（5）银器及餐具橱：银器及餐具橱是海派家具中特有的一种橱，是西方家具衍生出来的，亦称玻璃橱。橱中多数门和搁板都是透明玻璃，常放置银器器皿、西餐餐具。图6-13是20世纪20年代张念叙大师设计的餐厅家具。银器及餐具橱也是博古柜、酒橱的前身［图6-14（1）～图6-14（4）］。

（6）衣帽及伞杖橱：衣帽及伞杖橱也是海派家具中特有的一种家具，现在也称门厅家具。衣帽及伞杖橱专供主人或客人进入屋内脱衣帽、更换鞋靴、放伞，名人或老人可放置手杖。同今天的鞋柜相比，衣帽及伞杖橱的功能更齐全，它有镜面可整妆容衣冠［图6-15（1）～图6-15（3）］。

小衣橱（1）
宽 900 mm
深 300 mm
总高 1 400 mm
台面高 1 100 mm

小衣橱（2）
宽 900 mm
深 300 mm
总高 1 300 mm
台面高 1 050 mm

小衣橱（3）
宽 1 000 mm
深 520 mm
总高 1 300 mm
台面高 1 100 mm

小衣橱（4）
宽 900 mm
深 520 mm
高 1 100 mm

图6-9　小衣橱

五斗橱（1）
宽 900 mm　深 520 mm
总高 1 300 mm
台面高 1 100 mm

五斗橱（2）
宽 1 000 mm　深 520 mm
总高 1 350 mm
台面高 1 100 mm

五斗橱（3）
宽 900 mm　深 520 mm
台面高 1 100 mm

五斗橱（4）
宽 1 000 mm　深 520 mm
总高 1 350 mm
台面高 1 100 mm

图6-10　五斗橱

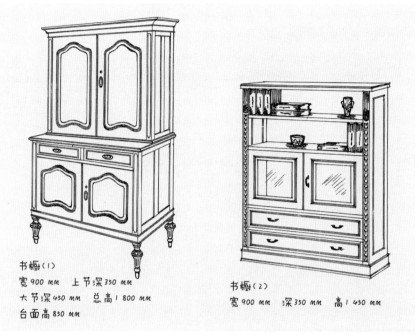

书橱（1）

宽 900 mm　上节深 350 mm

大节深 450 mm　总高 1 800 mm

台面高 850 mm

书橱（2）

宽 900 mm　深 350 mm　高 1 450 mm

图 6-11　书橱

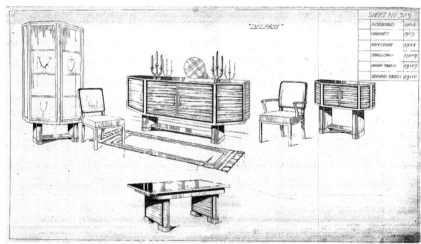

图 6-12　海派风格书房家具

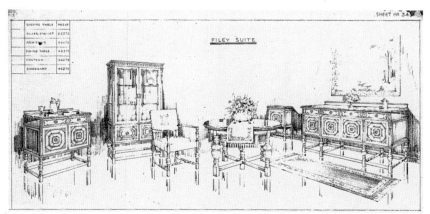

图 6-13　张念叙大师设计
　　　　　的餐厅家具

银器及餐具橱(1)

宽 1 000 mm   深 450 mm   高 1 700 mm

银器及餐具橱(2)

宽 900 mm   深 450 mm   高 1 750 mm

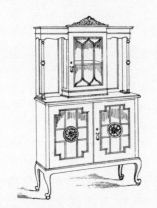

银器及餐具橱(3)

宽 1 000 mm   深 400 mm

总高 1 750 mm   台面高 900 mm

银器及餐具橱(4)

宽 1 250 mm   深 400 mm   高 1 750 mm

图6-14   银器及餐具橱

图6-15   衣帽及伞杖橱

衣帽及伞杖橱(1)

宽 1 000 mm   深 450 mm   高 1 800 mm

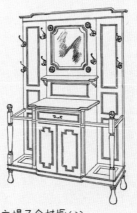

衣帽及伞杖橱(2)

宽 1 100 mm   深 450 mm

总高 1 800 mm   台面高 850 mm

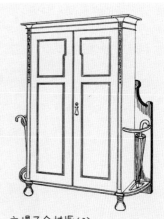

衣帽及伞杖橱(3)

宽 950 mm   深 450 mm   高 1 800 mm

## 二、柜类家具

前面已经介绍过柜与橱的区别,但有些柜与橱尺度几乎差不多,如小衣柜、五斗橱、梳妆柜、盥洗柜等,只能以实际称呼或用途上加以区别。图6-16展示了卧室套装家具中的柜类家具,柜类家具种类繁多,这里只介绍梳妆柜、盥洗柜、酒柜、床边柜等供读者参考。

（1）梳妆柜:梳妆柜也称梳妆台,明清家具中只有梳妆匣与镜台,梳妆柜属于舶来品(西方家具传入,卧室家具的变革而出现梳妆柜)在早先上海有嫁妆家具不可或缺的三件是高低床、大衣橱和梳妆柜,即体现洋派气息的摩登家具。图6-17和图6-18为实拍的两幅海派风格的梳妆柜,图6-19为套装家具设计的原稿。出于有些用户的经济和住房空间等问题考虑,设计师在五斗橱或小衣橱上安装一面镜子,即成为五斗橱梳妆台

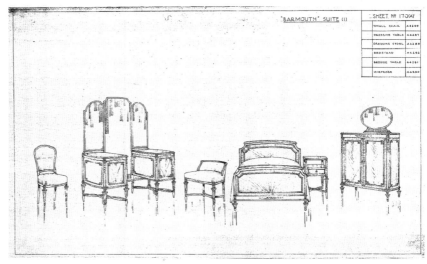

图6-16　卧室套装家具

左:图6-17　海派风格梳妆柜

右:图6-18　海派风格梳妆柜

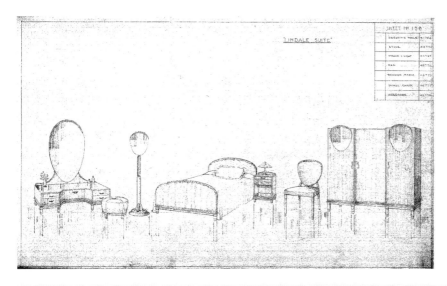

图6-19 套装家具设计中的
梳妆柜

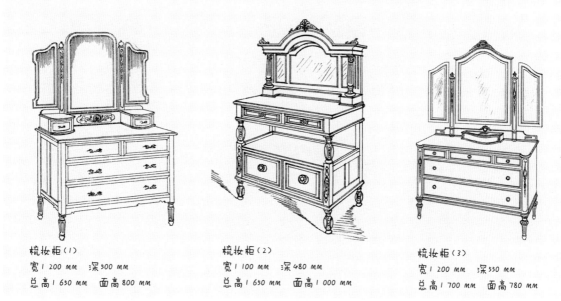

梳妆柜（1）
宽 1 200 mm  深 500 mm
总高 1 650 mm  面高 800 mm

梳妆柜（2）
宽 1 100 mm  深 480 mm
总高 1 650 mm  面高 1 000 mm

梳妆柜（3）
宽 1 200 mm  深 350 mm
总高 1 700 mm  面高 780 mm

图6-20 梳妆柜

或小衣橱梳妆台,如图6-20(1)～图6-20(3)所示的梳妆柜图样。

（2）盥洗柜：盥洗柜即明清家具中的洗脸盆架改进型,除了搁置洗脸盆之外,还可以放洗漱用具,一般置放在卫生间,有抽屉有柜门可贮存各种杂物[图6-21(1)～图6-21(3)]。

（3）酒柜：酒柜既是藏酒和存放开瓶器皿的柜,又是开启酒瓶盖和调配酒的地方。酒柜是调酒师的专用柜类家具,属于西式家具的一种,也海派家具中独有的一种柜类。图6-22(1)～图6-22(3)展示了三种酒柜,供读者参考。

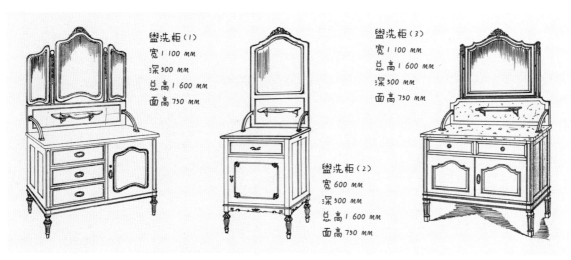

盥洗柜（1）
宽 1 100 mm
深 300 mm
总高 1 600 mm
面高 750 mm

盥洗柜（3）
宽 1 100 mm
总高 1 600 mm
深 300 mm
面高 750 mm

盥洗柜（2）
宽 600 mm
深 300 mm
总高 1 600 mm
面高 750 mm

图6-21　盥洗柜

酒柜（1）
宽 1 200 mm　深 480 mm
总高 1 050 mm　面高 860 mm

酒柜（2）
宽 1 100 mm　深 300 mm
总高 1 020 mm　面高 900 mm

酒柜（3）
宽 1 600 mm　深 300 mm　总高 1 050 mm　面高 900 mm

图6-22　酒柜

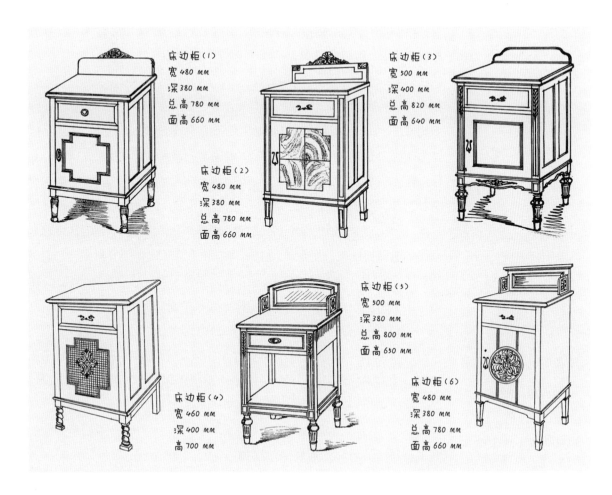

图6-23 床边柜

（4）床边柜：床边柜又称床头柜，在明清家具中俗称夜壶箱。随着城市化的进程床边柜的功能变更，主要置放台灯（床头灯）、电话机、书报等，以及随身饰佩戴的饰品。床边柜一般有两种：一种配镜子一种不配镜子，配镜子的床边柜可供女士睡前卸妆用。床边柜型制较多，如图6-23（1）～图6-23（6）所示。

## 第二节　床榻类家具图

本节主要归纳了海派家具卧室与休闲室的各类片床及榻床，精选了一部分代表作。床榻在我国出现得很早，传说神农氏发明床，小昊始作簀床、吕望作榻。有关床的实物以河南信阳长台关出土的战国彩漆床为代表，汉代刘熙《释名·床篇》云："床，自装载也，人所坐曰床。"当时的床包括两个含义，既是坐具又是卧具。西汉后期又出现了"榻"，《释名》说："长狭而卑者曰榻，言其鹌榻然近地也，小者独坐，主人无二，独所坐也。"榻是床的一种，除了比一般的卧具矮小外并无太大区别，所以习惯上总是床榻并称。六朝以后的床榻开始出现了高足坐卧具，此时的床榻形体较宽大。唐宋时期床榻大多无圈子，人们通常把较大的称"罗汉床"，较小的称"榻"或"弥勒榻"。罗汉床不仅可以做卧具，也可以做坐具，一般正中央放炕几，两边铺设坐垫、隐枕，置于厅堂待客。这种床榻唐朝时传入了日本、朝鲜、韩国，他们至今还保留着"榻榻床"的习俗。明清时床发展到三面或四面有围栏的罗汉床（图6-24），并且床从床榻里分离成为最封闭的家具，有"屋中屋"的拔步床、架子床及其他形制。拔布床体形庞大，雕饰精美（图6-25）。榻的发展有了体形较小的带靠背和枕头的"美人榻"（图6-26），以及四面无围，床心以竹席或木板为面的"凉床"（图6-27）。

　　海派家具中的床完全不同于古代的拔步床或架子床，是由架子床"简化"到不能再简化，"矮小"得不能再矮小，结合西洋床的特点设计的。它由高低两片挡板和中间的两根床杠板连接，上面搁"席梦思"床垫，北方称片床，上海称高低床。海派家具中的榻则有带围栏手靠枕的榻床，以及无围栏、无靠枕的沙发榻床（贵妃床）。

左上：图6-24　明代紫檀藤
　　　　　　面罗汉床
右上：图6-25　清代拔步床
左下：图6-26　红木单枕车
　　　　　　脚香妃榻
右下：图6-27　明代榆木
　　　　　　"凉床"

## 一、床类

下面所列示的床类都是海派家具中常见的片床，即高低床，也是现代的床。一般高片是放置枕头的一端和装饰展示处，有些形制配有便于使用者睡前看书报用的软靠背。床按宽度尺寸一般分为双人床、单人床、儿童床等。

（1）双人床：宽度超过1 350 mm（即英制4尺半）的称双人床［图6-28（1）～图6-28（2）］。

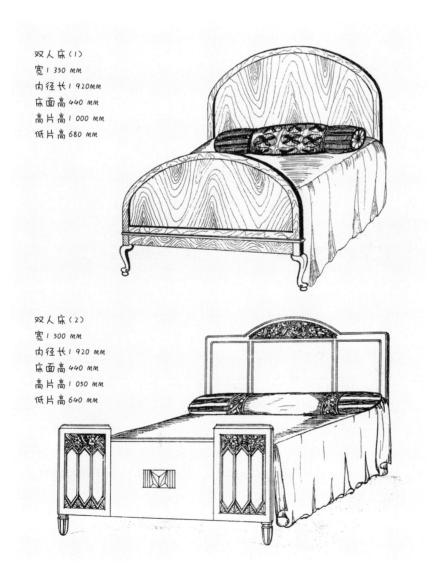

双人床（1）

宽1 350 mm

内径长1 920mm

床面高440 mm

高片高1 000 mm

低片高680 mm

双人床（2）

宽1 500 mm

内径长1 920 mm

床面高440 mm

高片高1 050 mm

低片高640 mm

图6-28 双人床

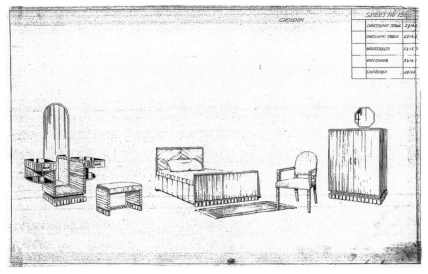

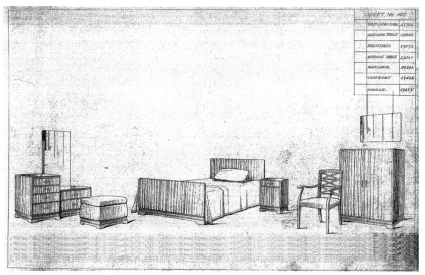

图6-29　单人床

（2）单人床：单人床宽900～1 300 mm，多数宽1 000～1 100 mm，由高低两片组成，极少数是架子组合。套房中的单人床如图6-29所示。

（3）儿童床：儿童床一般分婴儿床与小孩床，婴儿床这里不介绍，小孩的睡床一般三面或四面有围栏，防止小孩滚落，它是儿童卧室里主要家具之一（图6-30）。儿童床的具体尺度比单人床略小些。

## 二、榻床类

海派家具的榻床以休闲为主，讲究舒适，所以都是软包坐垫或靠

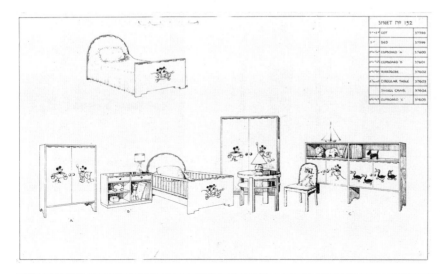

图6-30　儿童套房家具

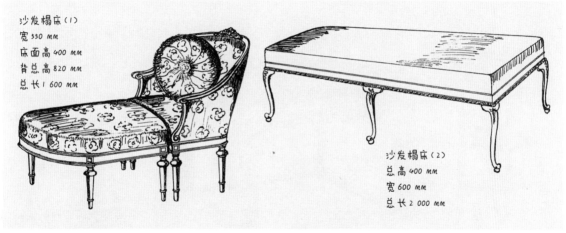

背组成的沙发榻床。少数可拆拼，睡与坐活动自如，以躺卧为主，如图　图6-31　沙发榻床
6-31（1）～图6-31（2）展示的两种式样。

# 第三节　凳椅类家具（包括沙发）图

　　我国古代凳椅类家具形制多种多样，样式和大小差别较大，叫
法也很多。椅类有供皇帝坐的龙椅（图6-32）及常见的靠背椅（图
6-33），靠背椅有搭脑出头的灯挂椅、搭脑不出头的直棂靠背椅、扶
手椅、矮靠背有扶手的玫瑰椅，亦称太师椅（图6-34）。还有交椅和

左：图6-32　龙椅
中：图6-33　黄花梨一统碑式靠背椅
右：图6-34　黄花梨券口围子玫瑰椅

左：图6-35　梯椅
中：图6-36　清代小方凳
右：图6-37　黄花梨雕螭
　　　　　　龙纹交机

圈椅：交椅分为圆弧靠背与直靠背两种；圈椅靠背为圆弧形，由玫瑰椅衍生而来，脚盘用螺丝螺母转动可自由升降。随着时代变迁，家具形制发生了变化，海派家具中的靠背椅变成了一物两用的梯椅（图6-35）。凳类的品种也很多，古代有大方凳、小方凳（图6-36）、长条凳、长方凳、圆凳、五方凳、六方凳、梅花凳、海棠凳，以及绣墩、鼓墩、机凳、交机（图6-37）等。海派家具中增加了琴凳、梳妆凳等，沙发也是海派家具中不可或缺的代表之一，它是舒适温馨的坐具，所以把它归纳到凳椅类家具之中，现在有些已变成坐卧两用的适体家具。

下面所推荐的椅凳类（包括沙发）家具图都是上海地区海派家具

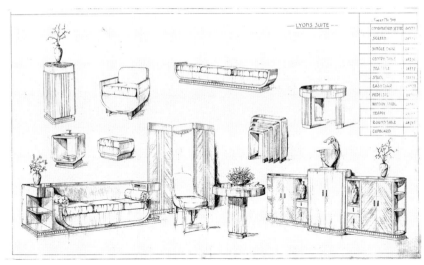

图6-38 "莱奥斯"休闲
会客室家具

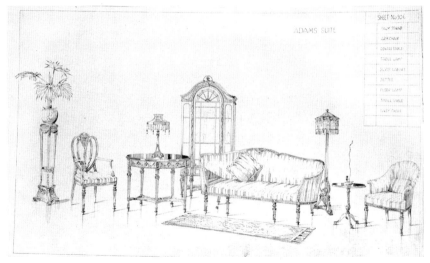

图6-39 "亚当斯"休闲
家具

鼎盛时期套装中的。包含了"莱奥斯"休闲会客室家具（图6-38），
共15件；"亚当斯"休闲家具（图6-39），共8件；办公与会议室家具
（图6-40）等。按照现代的标准大致分为三大类介绍，即椅类、凳类
及沙发类。

# 一、椅类

椅类这里不按古代人的称谓分类，不分软包或硬垫靠背，不分中式
或西式。海派家具将有扶手的称扶手椅，无扶手的称靠背椅，从形制上
分转椅、摇椅、圈椅等（图6-41）。

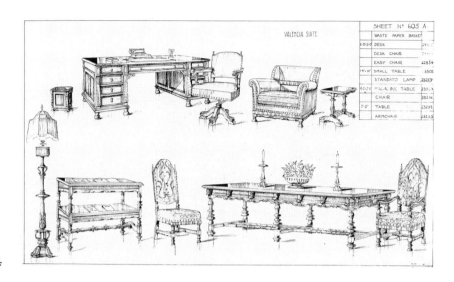

图6-40　办公室家具

图6-41　圈椅（海派软包椅）

（1）扶手椅：扶手椅就是海派家具中有扶手的靠背椅，扶手有出头与不出头两种，形制与脚型应和整套家具造型呼应。图6-42（1）～图6-42（5）展示了5款扶手椅。

（2）靠背椅：没有扶手只有靠背部分，不分坐面软硬、形制方圆，统称为靠背椅。图6-43（1）～图6-43（6）列举了6种不同形制的靠背椅。

（3）转椅：转椅顾名思义是可以旋转的，坐面上半部分是扶手椅、靠背椅、圈椅，下半部分是四瓜脚盘。有些转椅的瓜尖还安装滚轮，可以推动；中间用金属制成的螺丝杆与螺母连接，通过螺杆与螺母的旋转起到升降的作用，可以自由调节椅坐的高度和方位。图6-44（1）～图6-44（5）展示了多种转椅图。现代转椅多是液压式升降，更方便灵活。

（4）摇椅：摇椅是在靠背椅的左右腿装两根向上翘的托泥，又称安乐椅［图6-45（1）～图6-45（2）］。

（5）圈椅：圈椅即扶手与椅背是一顺而成，三面呈圆桶形的座椅，也称罗圈椅（图6-46）。

## 二、凳类

凳类是不带靠背的坐具，北方习惯称杌（兀）或杌凳，南方常说凳子。凳类在民间种类繁多：有长有短、有高有

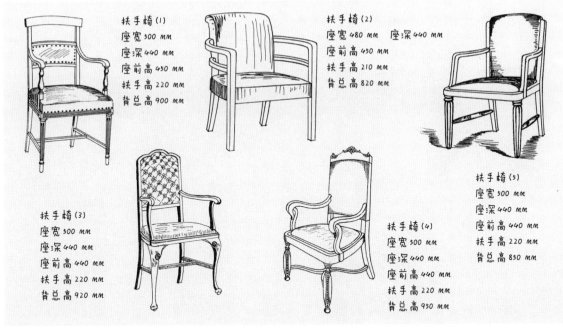

扶手椅(1)
座宽 300 mm
座深 440 mm
座前高 450 mm
扶手高 220 mm
背总高 900 mm

扶手椅(2)
座宽 480 mm 座深 440 mm
座前高 450 mm
扶手高 210 mm
背总高 820 mm

扶手椅(3)
座宽 500 mm
座深 440 mm
座前高 440 mm
扶手高 220 mm
背总高 920 mm

扶手椅(4)
座宽 500 mm
座深 440 mm
座前高 440 mm
扶手高 220 mm
背总高 950 mm

扶手椅(5)
座宽 500 mm
座深 440 mm
座前高 440 mm
扶手高 220 mm
背总高 850 mm

图6-42 扶手椅

图6-43 靠背椅

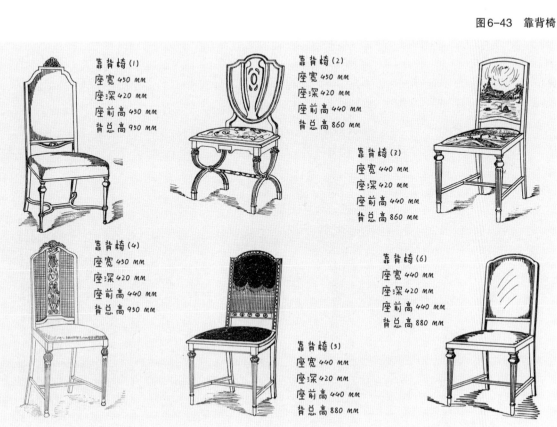

靠背椅(1)
座宽 450 mm
座深 420 mm
座前高 450 mm
背总高 950 mm

靠背椅(2)
座宽 450 mm
座深 420 mm
座前高 440 mm
背总高 860 mm

靠背椅(3)
座宽 440 mm
座深 420 mm
座前高 440 mm
背总高 860 mm

靠背椅(4)
座宽 450 mm
座深 420 mm
座前高 440 mm
背总高 950 mm

靠背椅(5)
座宽 440 mm
座深 420 mm
座前高 440 mm
背总高 880 mm

靠背椅(6)
座宽 440 mm
座深 420 mm
座前高 440 mm
背总高 880 mm

转椅 (1)
座宽 500 mm
座深 440 mm
座前高 450 mm
扶手高 200 mm
背总高 880 mm

转椅 (2)
座宽 520 mm
座深 450 mm
座前高 450 mm
扶手高 220 mm
背总高 920 mm

转椅 (3)
座宽 500 mm　座深 440 mm
座前高 450 mm　扶手高 210 mm
背总高 900 mm

转椅 (4)
座宽 520 mm
座深 450 mm
座前高 450 mm
扶手高 220 mm
背总高 780 mm

转椅 (5)
座宽 520 mm
座深 450 mm
座前高 450 mm
扶手高 220 mm
背总高 900 mm

图6-44　转椅

摇椅 (1)
座宽 500 mm
座深 440 mm
座前高 450 mm
背总高 900 mm

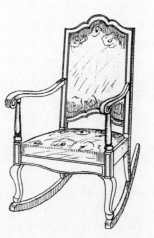

摇椅 (2)
座宽 520 mm
座深 460 mm
座前高 450 mm
扶手高 210 mm
背总高 900 mm

图6-45　摇椅

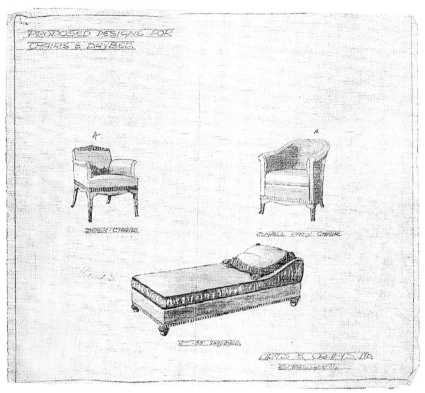

图6-46 圈椅

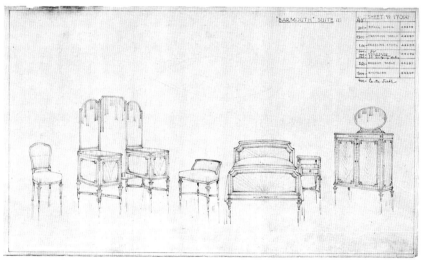

图6-47 海派套装家具中
的凳类

矮、有方有圆,有的有束腰和有的无束腰,腿有三足、四足、五足等,有
带托泥的也有不带托泥,还有可折叠收放的交机等。凳除供人坐外
兼可承物,可作床踏、脚踏,也有一些置放炕上成炕兀。以上凳类不
一一列示,此处收集的凳类图仅仅是海派套装家具中的琴凳与梳妆
凳(图6-47)。

（1）琴凳：用于弹钢琴的坐具，称为琴凳。多数为无围软座，少数有围栏，但围栏一般不超过200 mm。如图6-48（1）～图6-48（5）所示。

（2）梳妆凳：有了梳妆柜或梳妆台，梳妆凳成为必备配套的坐具。梳妆凳是海派套装家具中不可或缺的一件小家具［图6-49（1）～图6-49（3）］，形状像琴凳但没有琴凳长。

上：图6-48　琴凳
下：图6-49　梳妆凳

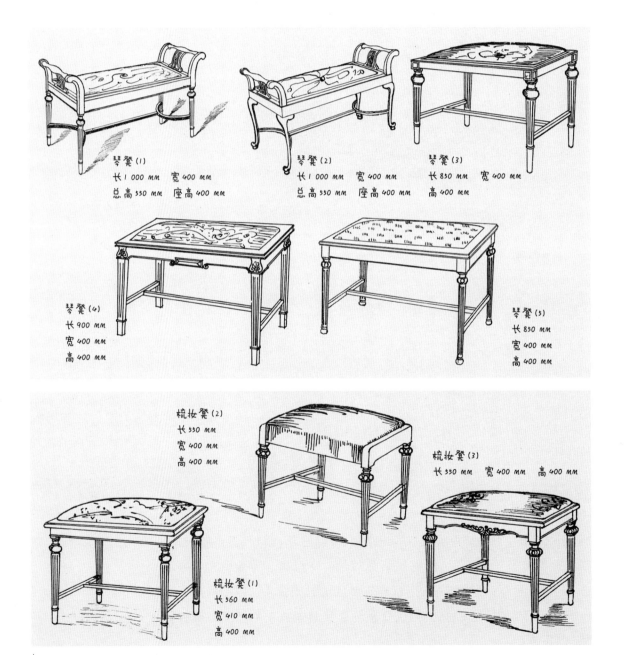

### 三、沙发类

沙发在我国古代家具中没有,这是西方家具19世纪下半叶传入后才有的一种软体家具,沙发也是海派家具中的特色家具,改变了中国人几千年的传统坐姿和休闲方式,比较舒适温馨。其品种有单人沙发(图6-50)、双人沙发、三人沙发(长沙发)。长沙发可在临时睡觉时使用,又称两用沙发(图6-51)。这里主要分单人沙发与长沙发介绍。

(1)单人沙发:专供一人坐的沙发称单人沙发,图6-52(1)~图6-52(4)是从原稿中精选出来的图样。

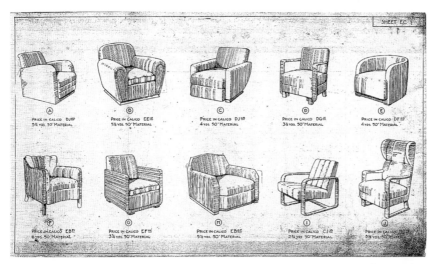

图6-50 单人沙发

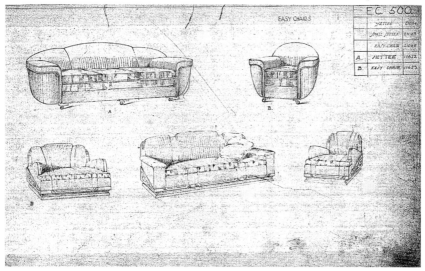

图6-51 长沙发

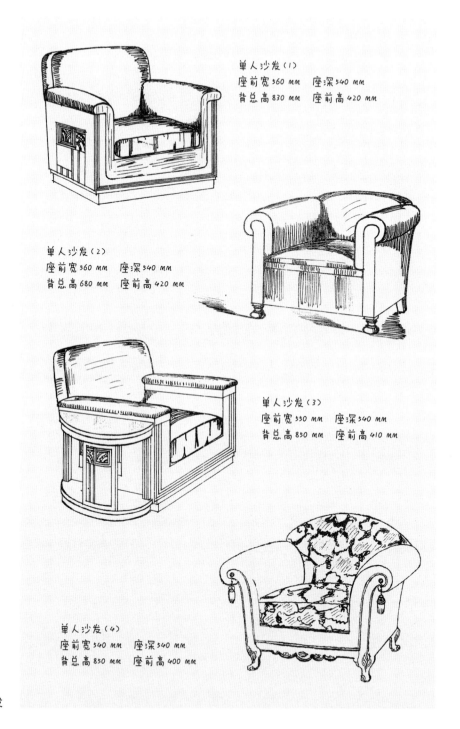

单人沙发（1）
座前宽 360 mm　座深 540 mm
背总高 830 mm　座前高 420 mm

单人沙发（2）
座前宽 360 mm　座深 540 mm
背总高 680 mm　座前高 420 mm

单人沙发（3）
座前宽 550 mm　座深 540 mm
背总高 850 mm　座前高 410 mm

单人沙发（4）
座前宽 540 mm　座深 540 mm
背总高 850 mm　座前高 400 mm

图6-52　单人沙发

　　（2）长沙发：长沙发可供两人或三人并排而坐，座前宽度较长。长沙发的坐面可改成活动或翻拆式，翻开可作临时睡床，一物多用［图6-53（1）～图6-53（3）］。

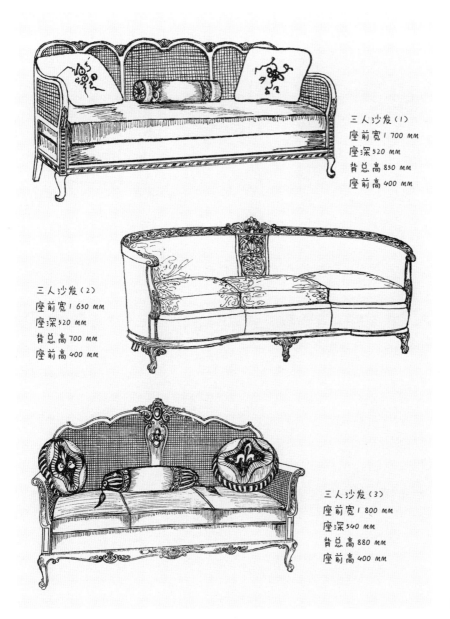

三人沙发（1）
座前宽 1 700 mm
座深 520 mm
背总高 850 mm
座前高 400 mm

三人沙发（2）
座前宽 1 650 mm
座深 520 mm
背总高 700 mm
座前高 400 mm

三人沙发（3）
座前宽 1 800 mm
座深 540 mm
背总高 880 mm
座前高 400 mm

图6-53　三人沙发

# 第四节　几案类家具图

　　海派家具中客厅或陈列室内的几案类家具与我国古代家具的几案

家具有本质的区别。古代的俎演变成长条案，主要是祭祀摆放贡品用

左: 图6-54　黄花梨木三弯腿大方香几

右: 图6-55　清酸枝镶理石扶手椅与茶几

的, 案面有平头和翘头两种。条案是古代厅堂陈设中最为常见的家具, 它的形制很多。发展到明清时代, 形体窄小的条案往往陈设于书斋、画室、闺阁及佛堂等高雅场地。海派家具中的条案已演变成陈设桌, 亦称长条桌。几在汉代是兀或机, 实际上是一种小坐具, 今天所说的几多指茶几。茶几是清代以后才出现的, 由明代香几演变而来。香几是承放香炉而得名, 香几不论室内室外, 多居中放置四无旁依, 宜人烧香欣赏(图6-54)。而茶几比香几矮小, 但更玲珑精致, 一般以方形或长方形居多, 清代茶几的高度与扶手椅的扶手齐平, 上面放杯盘茶具, 往往和椅成套放置在厅堂两侧, 其造型、装饰、色彩与座椅相一致(图6-55)。下面所列举的海派家具中的茶几大多是与沙发配套放置, 主要也是承置杯盘茶具等物品。

## 一、几类家具

　　置于两只单人沙发或两座椅之间的茶几称侧茶几(俗称小茶几), 放置长沙发前面的茶几称为长茶几, 亦称大茶几, 如图6-56所示。

　　(1)侧茶几: 侧茶几放置于单人沙发或座椅的侧面, 它的高度以沙发或扶手椅扶手的高度为依据, 是一种配件家具[图6-57(1)～图6-57(3)]。

　　(2)长茶几: 长茶几放置于坐具的前面, 如长沙发前的茶几, 它的高度基本在500 mm左右, 不随扶手高度而变化[图6-58(1)～图6-58(3)]。

图6-56 客厅效果图

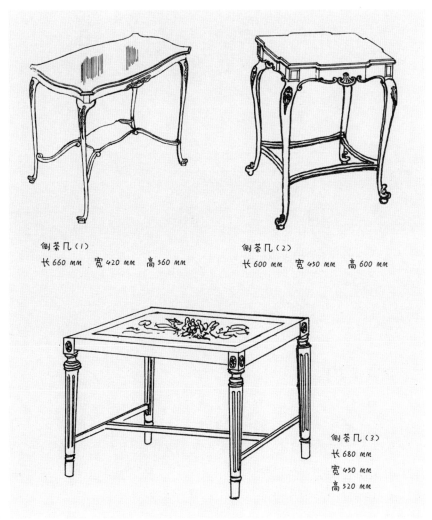

侧茶几(1)
长660 mm 宽420 mm 高560 mm

侧茶几(2)
长600 mm 宽430 mm 高600 mm

侧茶几(3)
长680 mm
宽430 mm
高520 mm

图6-57 侧茶几

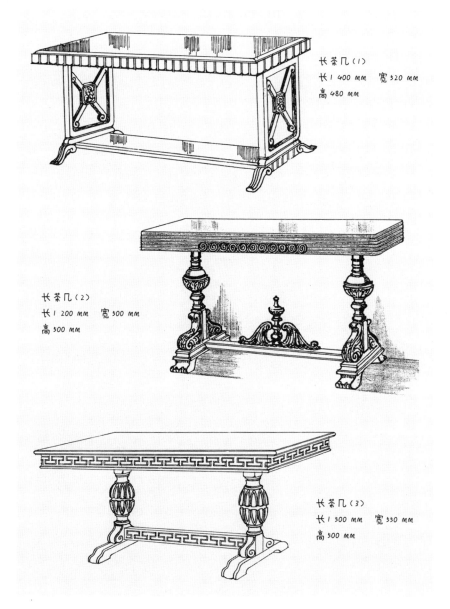

图6-58　长茶几

## 二、案桌类家具

　　案桌类家具似古代家具中的案发展到明清时的长条案，又似西式家具中的大餐桌，但既不是平头长条案又不是大餐桌，其用途也不是摆设贡品与用餐，而是陈设与承载物品。海派家具中的长条桌与陈设桌从形制上没有太大的区别，只是长条桌长一些，高一点，可陈

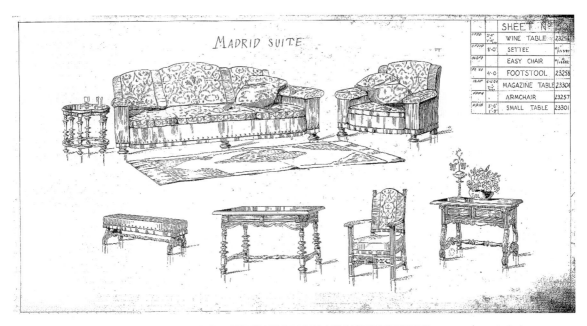

| SHEET N° | | |
|---|---|---|
| WINE TABLE | | 23254 |
| SETTEE | | |
| EASY CHAIR | | |
| FOOTSTOOL | | 23258 |
| MAGAZINE TABLE | | 23306 |
| ARMCHAIR | | 23257 |
| SMALL TABLE | | 23301 |

图6-59　长条桌

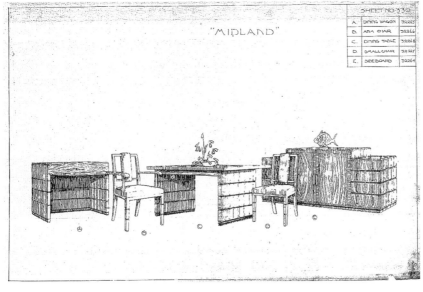

| SHEET NO. 330 | | |
|---|---|---|
| A. | DINING WAGON | 32265 |
| B. | ARM CHAIR | 32266 |
| C. | DINING TABLE | 32268 |
| D. | SMALL CHAIR | 32267 |
| E. | SIDEBOARD | 32264 |

图6-60　陈设桌

设的物品多一些,所以六足多见(图6-59);而陈设桌可承载的物品
轻一些,多以四足着地(图6-60)。

(1)陈设桌:一般高780 mm,长1 400 mm,宽450 mm的案桌称
为陈设桌,如图6-61(1)～图6-61(2)所示。

(2)长条桌:一般长1 600 mm,高800 mm,宽450 mm的案桌称
为长条桌,如图6-62(1)～图6-62(3)所示。

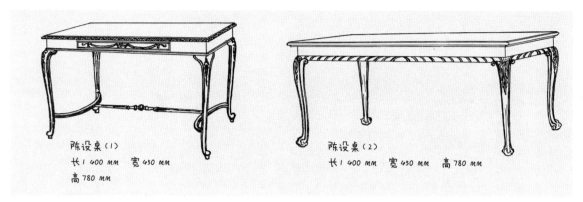

陈设桌（1）
长 1 400 mm  宽 450 mm
高 780 mm

陈设桌（2）
长 1 400 mm  宽 450 mm  高 780 mm

图6-61  陈设桌

图6-62  长条桌

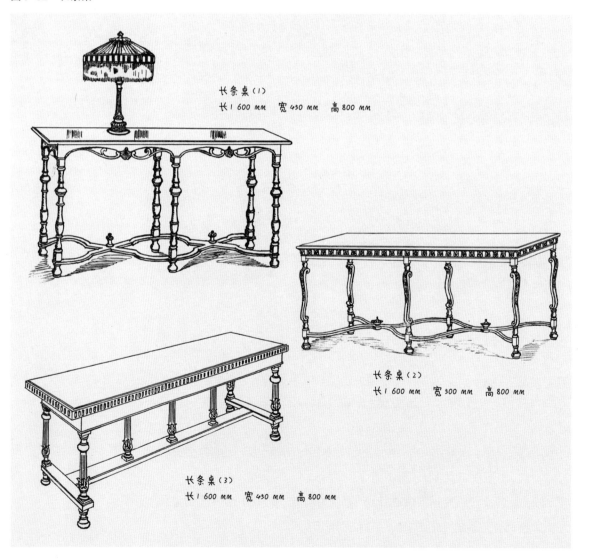

长条桌（1）
长 1 600 mm  宽 450 mm  高 800 mm

长条桌（2）
长 1 600 mm  宽 300 mm  高 800 mm

长条桌（3）
长 1 600 mm  宽 450 mm  高 800 mm

# 第五节 桌台类家具图

    人们在日常生活中用以承托用具、物品及容器的家具统称桌台家具。如吃饭用的称餐桌、写字看书的称写字台或书桌、梳妆用的称梳妆台，画画用的称画桌等。北方因冬日漫长且寒冷，吃饭喝茶等都在炕上，形成了炕桌、炕几（图6-63），甚至有读书写字的炕桌和梳妆用的炕上梳妆台（图6-64）等，各类炕上家具不一一介绍。海派家具中较常见的桌台家具以形制不同分类，桌类有方桌、长方桌、大餐桌、圆桌、半圆桌、书桌、办公桌等，台类主要是梳妆台。现代与古代家具中很多其他类型的桌台家具不做介绍，敬请谅解。

## 一、桌类家具

    海派家具可以说是现代桌类家具的先祖。现代桌类家具品种繁多，有些桌台家具互称难以区分，这里介绍几种常见的海派桌类家具，它既不同于明清时期的家具，又不是现代市场上常见的同种家具。

    （1）方桌：方桌明清时期称"八仙桌"，多置厅堂靠上方位置，左右边各置一把太师椅以接待客人（图6-65）。海派家具中的方桌是套装家具中必备之一，一般配四把靠背椅，可作多用途

图6-64 炕上梳妆台

图6-63 炕几

图6-65 清礼制家具

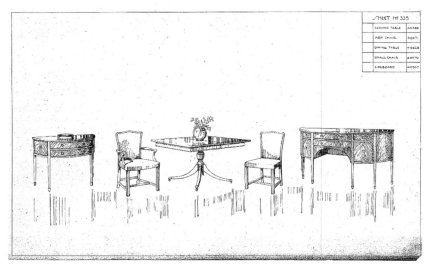

图6-66 海派家具中的方桌

桌：吃饭、写字、待客都可以（图6-66）。而现代的方桌多数把尺度缩小一点后成为娱乐桌，如牌桌、麻将桌、棋桌等。这里只展示海派方桌［图6-67（1）～图6-67（3）］。

（2）长方桌：顾名思义长方桌就是方桌加长，它不同于明清时期的书桌或画桌。海派家具中的长方桌长是宽的2倍，其他尺度基本和方桌相同［图6-68（1）～图6-68（2）］，现代家具中已少见。

（3）大餐桌：大餐桌是西洋化的家具，亦是海派家具中独有的一种家具，即吃西餐用的餐桌。它的尺度比长方桌还要大一些，它分为两种：一

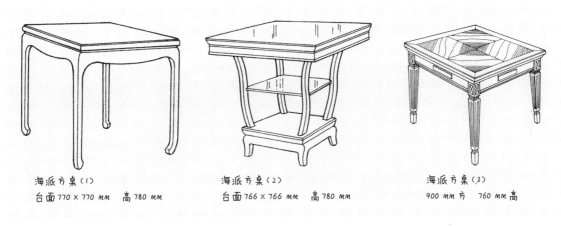

海派方桌（1）
台面 770×770 mm　高 780 mm

海派方桌（2）
台面 766×766 mm　高 780 mm

海派方桌（3）
900 mm 方　760 mm 高

图6-67　海派方桌

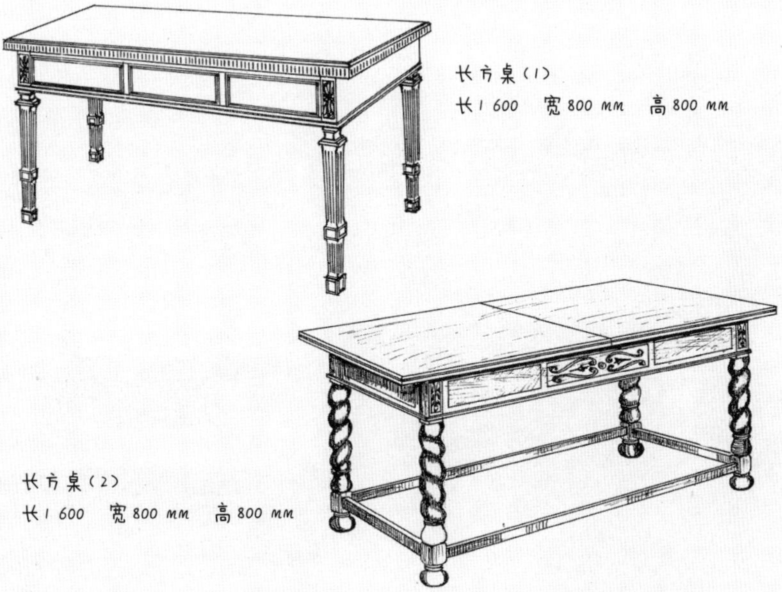

长方桌（1）
长 1 600　宽 800 mm　高 800 mm

长方桌（2）
长 1 600　宽 800 mm　高 800 mm

图6-68　长方桌

种是拆分的，平时可以一分为二，人多时可以合二为一［图6-69（1）～图
6-69（2）］；另一种是不可拆分的，现代家具中已不多见。

　　（4）圆桌：圆桌是活动性家具，可临时待客或宴请，用完可以拆开保
存。圆桌从清代开始盛行（图6-70），常由两张半圆桌组成（图6-71）。
现代演变成桌面中置一可来回转动的小桌面，适合厅堂中招待宾客，
免去八仙桌的坐位规矩，方便实用，美观大方，围坐人数可视桌面的大
小，一般可坐5人至15人不等。海派家具中的圆桌如图6-72（1）～图
6-72（3）所示。

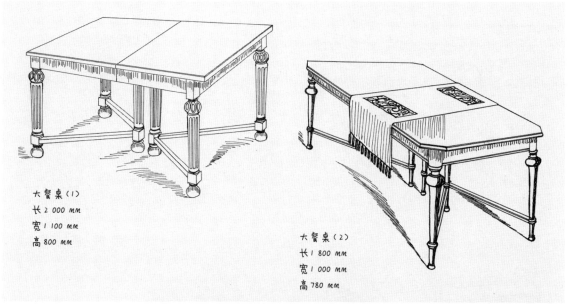

大餐桌（1）
长 2 000 mm
宽 1 100 mm
高 800 mm

大餐桌（2）
长 1 800 mm
宽 1 000 mm
高 780 mm

图6-69　大餐桌

左：图6-70　清代嵌石圆桌
右：图6-71　清代半圆桌

（5）半圆桌：半圆桌即圆桌的一半，据说在中原地区有一习俗，男主人不在家时女主人只能在半圆桌上用餐，男主人回来了要把两张半圆桌拼成圆桌（图6-73）用餐，称为团团圆圆。海派家具中的半圆桌的设计主要是受空间的制约，适应房间灵活空间的变换［图6-74（1）～图6-74（3）］。

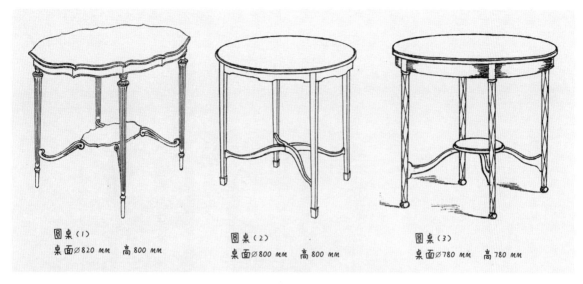

圆桌（1）
桌面⌀820 mm　高800 mm

圆桌（2）
桌面⌀800 mm　高800 mm

圆桌（3）
桌面⌀780 mm　高780 mm

上：图6-72　圆桌
中：图6-73　清代鸡翅木
　　　　　半圆桌
下：图6-74　半圆桌

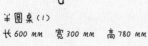

半圆桌（1）
长600 mm　宽300 mm　高780 mm

半圆桌（2）
长600 mm　宽300 mm　高780 mm

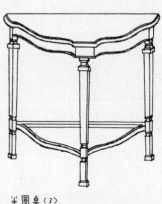

半圆桌（3）
长660 mm　宽330 mm　高780 mm

（6）书桌：看书写字用的桌子称书桌。书桌一面有围栏可以防止笔滚落，没有围栏的往往称画桌或写字台（图6-75）。海派家具把书桌的栏板改成镜面，即成为写字、梳妆两用台。这里仅列三例海派书桌［图6-76（1）～图6-76（3）］。

图6-75　清代书桌

图6-76　写字台

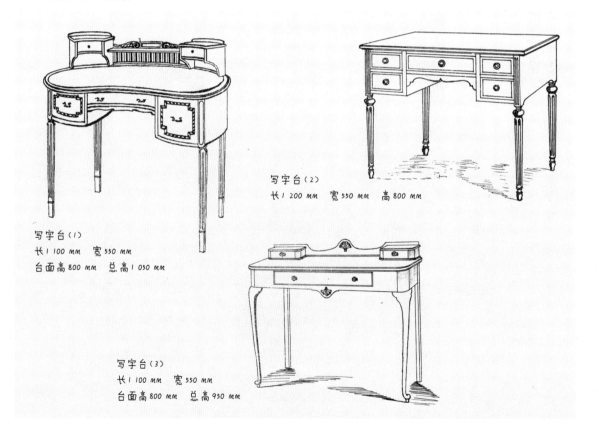

写字台（1）
长 1 100 mm　宽 550 mm
台面高 800 mm　总高 1 050 mm

写字台（2）
长 1 200 mm　宽 550 mm　高 800 mm

写字台（3）
长 1 100 mm　宽 350 mm
台面高 800 mm　总高 950 mm

账房办公桌
长 1 200 mm
宽 600 mm
总高 1 200 mm
桌面高 800 mm

图6-77　账房办公桌

（7）办公桌：书桌的尺度加宽加长后成为办公桌。现代办公桌种类繁多，大小尺度相差很大。海派办公桌多是按工作性质分的，如分管账的账房办公桌（图6-77）与一般的办公桌，一般办公桌又分单人和双人办公桌。

## 二、台类家具

这里要推荐的台类家具，主要是海派家具中的梳妆台和梳妆、写字两用台。梳妆台是由古时候的梳妆匣、梳妆镜架演变而来的。古代我国没有玻璃时用铜镜，铜镜较重要做镜架固定。随着玻璃的传入，镜面改成玻璃，镜架、梳妆匣扩大并合二为一。后来梳妆家具非常流行，已成为海派特色家具之一。梳妆家具一般由梳妆镜、梳妆台面、梳妆柜或梳妆盒、梳妆凳，以照明灯具组成。按照设计造型可分为豪华型、古典型和实用型三类，按照功能使用一般分为独立式、组合式两种。独立式即专用于梳妆设计的梳妆台（图6-78），而组合式则由梳妆功能与其他功能结合在一起的设计，如前面介绍的带有镜面的小衣橱、五斗橱、衣帽及伞杖柜、盥洗柜、梳妆柜等。这里主要介绍梳妆台

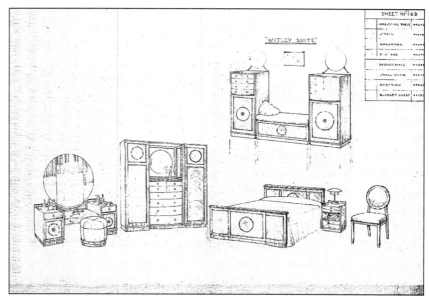

图6-78　梳妆台

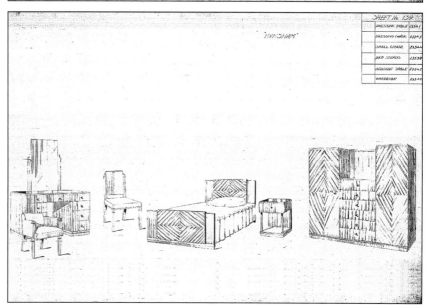

图6-79　梳妆、写字两用台

和梳妆、写字两用台(图6-79)。

(1)梳妆台:梳妆台是海派套装卧室家具之一,是主卧室必备的,它的形制与整套家具相一致,图6-80(1)～图6-80(4)的4件作品中,有当时有名的水明昌与毛全泰的代表之作。

(2)梳妆、写字两用台:为了节约空间,清代家具就出现了灵活多用的梳妆、写字两用台(图6-81),以梳妆为主,兼用写字台、贮物等。图6-82(1)～图6-82(4)展示了四款不同样式的海派梳妆、写字台的两用台。

梳妆台（1）
宽 1 300 mm　深 450 mm
总高 1 700 mm　台面高 740 mm

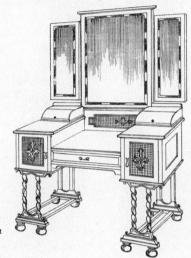

梳妆台（2）
宽 1 400 mm　深 500 mm
总高 1 760 mm　台面高 760 mm

梳妆台（3）
宽 1 400 mm　深 480 mm
总高 1 750 mm　台面高 750 mm

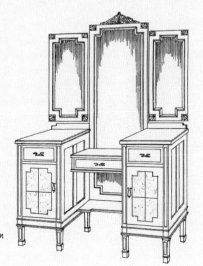

梳妆台（4）
宽 1 100 mm　深 500 mm
总高 1 600 mm　台面高 750 mm

图6-80　梳妆台

图6-81 清代梳妆、写字两用台

图6-82 海派梳妆、写字
两用台

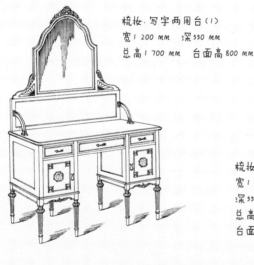

梳妆·写字两用台(1)
宽1 200 mm  深350 mm
总高1 700 mm  台面高800 mm

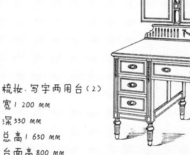

梳妆·写字两用台(2)
宽1 200 mm
深550 mm
总高1 650 mm
台面高800 mm

梳妆·写字两用台(3)
宽1 350 mm
深650 mm
总高1 100 mm
台面高800 mm

梳妆·写字两用台(4)
宽1 200 mm
深550 mm
总高1 650 mm
台面高800 mm

# 第六节  屏风、架类家具图

　　屏风、架类家具包含屏风及各种架子两大类。屏风是用来挡风、遮蔽视线及装饰的家具；架子是承托或悬挂各种器物的家具。战国时期就有关于屏风的记载，到了汉代已经很普遍了。明清时期的屏风不仅是实用家具，更是室内必不可少的装饰品。屏风一般分为座屏、曲屏与挂屏三种。座屏下有底座的又分为两类：一类尺度较大，既有遮挡又有装饰作用（图6-83）；一类尺度较小，仅仅是装饰作用，置于桌案之上，故又称砚屏（图6-84）。曲屏可分为独扇与多扇组合两类，多扇是可折叠式，用时打开不用时可折叠收藏（图6-85）。挂屏为明代末才出现，挂在墙上作装饰之用，大多成双成对使用，亦称画牌或画屏（图6-86），至今人们仍喜欢这种挂屏，它已完全脱离实用家具的范畴，成为纯装饰品或陈设物。

　　现在的架类家具与古代的架类家具有很大的区别。古代有博古架、多宝格、书架、床架子等，下面要讲的主要是海派家具常

上：图6-83　嵌大理石大座屏
下：图6-84　砚屏

图6-85　明代黄花梨浮雕花卉屏风（曲屏）

图6-86　清代挂屏

见的花盆架（简称花架）、盥洗架、茶几架、煤气灶架、衣帽架、镜架、灯架
等架类家具。架类家具种类多、用途广，制作的形体、尺寸相差甚远，只
能以设计图为准。

## 一、屏风类家具

屏风类家具独扇的多为座屏，大尺度的座屏常置于厅堂进门处，
除遮挡视线外，从古人风水的角度讲可以防止财气外泄，起到照壁的作
用。现代人的住房不太多用大型独扇座屏，较常用多扇组合的曲屏，或
改扇面为玻璃镜面，它可以照镜穿衣、阻挡视线，还可以反射空间扩大视
野。而迷你小座屏仅起陈设装饰之用（图6-87）。除此之外，还有一种
屏风，即隔断与装饰用的漆器屏风。漆器屏风的历史悠久，现今还有生
产，它有独扇（图6-88）、多扇、曲屏（图6-89）和挂屏（图6-90）。下面
只介绍海派家具中的穿衣镜与曲屏。

（1）穿衣镜：海派家具中的穿衣镜是从座屏演变而来的，由脚架、镜
框、镜片玻璃组成，把镜片玻璃换成木板面或石材面就是传统座屏。古
代的铜镜较重，承托的架子更厚实。图6-91（1）～图6-91（2）是海派

左：图6-87 黄花梨小座屏
右：图6-88 漆器独屏

上：图6-89 漆器曲屏
下：图6-90 漆器挂屏

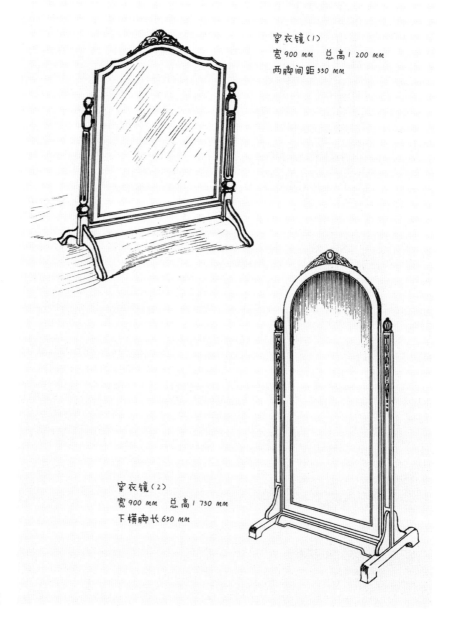

穿衣镜（1）
宽 900 mm　总高 1 200 mm
两脚间距 550 mm

穿衣镜（2）
宽 900 mm　总高 1 750 mm
下横脚长 650 mm

图6-91　穿衣镜

家具中的两幅穿衣镜设计稿。

（2）曲屏：曲屏就是现今人们日常生活中常说的屏风。它由多扇组成，每扇又由屏风框和屏心组成，扇与扇之间用铰链连接，可以折叠。一般的曲屏有三扇、四扇、五扇，最多可达数十扇；为减轻重量屏心用布绢制作较多，亦有胶合板的，高级的为漆器制品。图6-92（1）～图6-92（2）为海派家具中常见的三扇曲屏图。

屏风（1）
三扇总宽 1 300 mm　高 1 900 mm

屏风（2）
三扇总宽 1 650 mm　高 1 950 mm

图6-92　三扇曲屏

## 二、架类家具

架类家具因用途不同,形制与尺度也不同。下面以海派家具中最常见的几种架类家具展示给读者,仅供参考。

（1）花架:古代称花几,就是室内搁置花盆的座或架子,古时花架比较低矮故称几（如图6-93）。然而海派家具中花架除大型花缸脚架外,一般都比较高而小巧,置放在墙角处［图6-94（1）～图6-94（6）］。

（2）盥洗架:通俗叫作洗脸盆架,明清时期的洗脸盆架除了承托洗脸盆外还可以挂毛巾,有面小镜子,小隔板上可以搁牙刷杯及肥皂等物品（图6-95）。而海派盥洗架是盥洗柜简化缩小版,主要放置脸盆,下面的搁板能放杂物,没有其他功能［图6-96（1）～图6-96（3）］。

（3）煤气灶架:煤气灶架是20世纪初上海市区开始使用煤气时灶具的搁置架,当时比较简单,一个木架子支持一块台面,为了隔热台面上贴有瓷砖板（图6-97）。

图6-93　清代仿竹节花几

花缸脚架（1）

圆面Ø300 MM　高450 MM

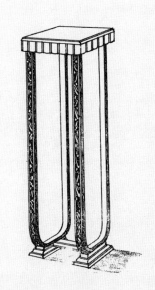

花架（2）

宽320 MM　深320 MM　高1100 MM

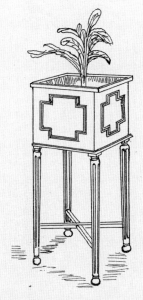

花架（3）

宽440 MM　深440 MM　高1050 MM

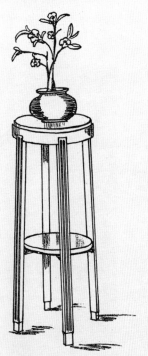

花架（4）

圆面Ø400 MM　高1100 MM

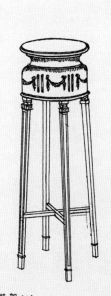

花架（5）

圆面Ø380 MM　高1150 MM

花架（6）

宽400 MM　深400 MM　高1200 MM

图6-94　花架

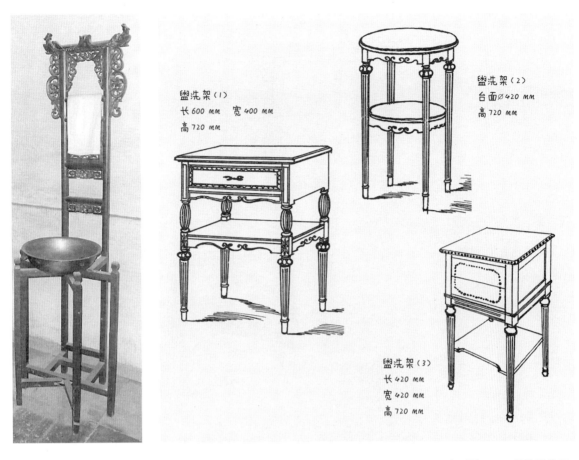

盥洗架（1）
长 600 mm　宽 400 mm
高 720 mm

盥洗架（2）
台面 ∅ 420 mm
高 720 mm

盥洗架（3）
长 420 mm
宽 420 mm
高 720 mm

左：图6-95　清洗脸盆架
右：图6-96　盥洗架

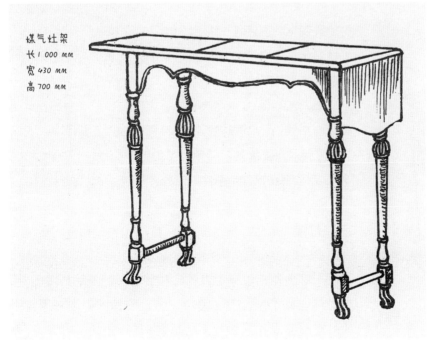

煤气灶架
长 1 000 mm
宽 430 mm
高 700 mm

图6-97　煤气灶架

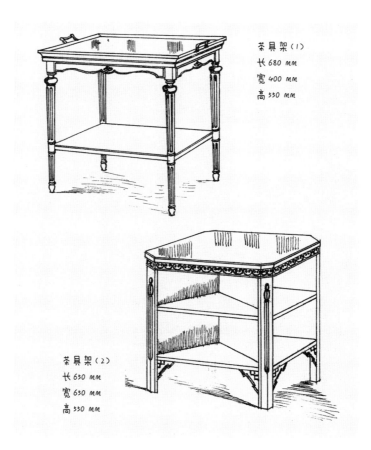

茶具架（1）
长 680 mm
宽 400 mm
高 550 mm

茶具架（2）
长 650 mm
宽 650 mm
高 550 mm

图6-98　茶具架

图6-99　清代挂衣架

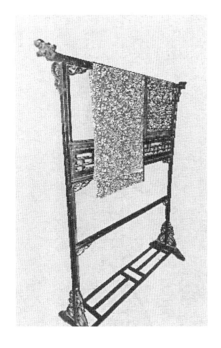

（4）茶具架：茶具架是海派休闲家具中的一种，是饮茶之前放置茶具及茶罐的一件活动家具，有些四只脚安装了滚轮，可推着走。图6-98（1）～图6-98（2）展示了海派家具中两件普通的茶具架。

（5）挂衣架：挂衣架亦称衣帽架，是衣帽、伞杖橱简化再简化的产物，比明清时的挂衣架（图6-99）还要简单。为了节约空间，一般放置在墙角处。如图6-100（1）～图6-100（2）展示了海派家具中两件简洁的挂衣架。

## 三、灯座

一百多年前没有电灯的时代照明用的是油灯或蜡烛，那时灯座称灯架（图6-101）、烛台、灯笼等。海派家具中的灯座除了有显富的气派之外，亦是一件实用的家具，置

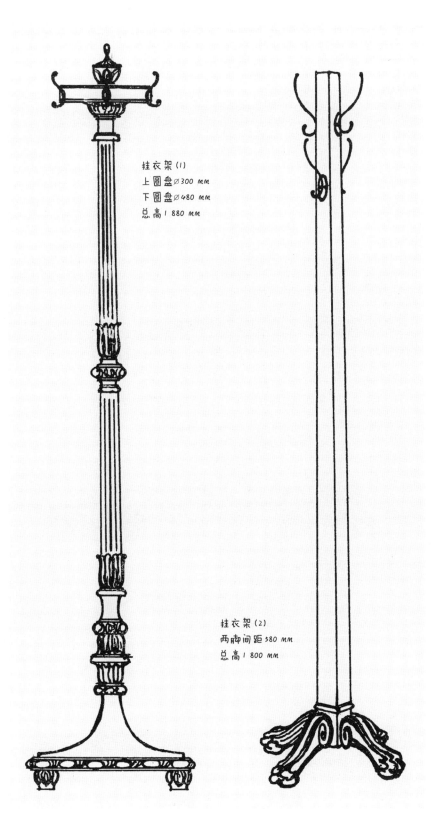

挂衣架（1）
上圆盘 ⌀300 mm
下圆盘 ⌀480 mm
总高 1 880 mm

挂衣架（2）
两脚间距 580 mm
总高 1 800 mm

图6-100　挂衣架

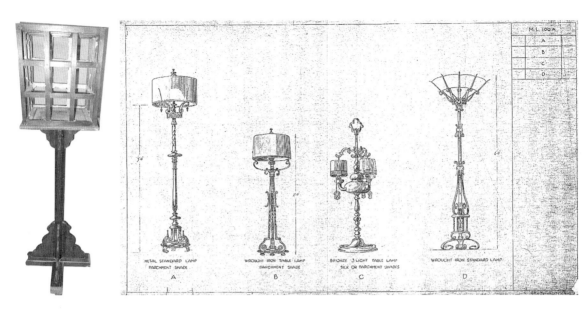

左：图6-101　清代灯架
右：图6-102　海派落地灯座

于沙发的后面可方便看书阅报。在海派家具设计中，灯座属于软装饰设计的必配家具之一。图6-102展示了海派家具设计原稿中四种不同风格的落地灯座。其实灯座的设计千姿百态，不一一举例，图6-103（1）～图6-103（2）展示的两例示范中灯座是直接着地的，也称落地灯座或落地灯。

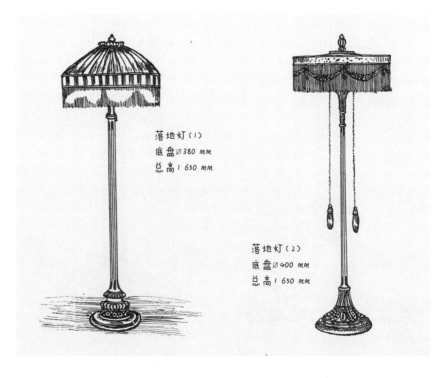

落地灯（1）
底盘⌀380 mm
总高1 650 mm

落地灯（2）
底盘⌀400 mm
总高1 650 mm

图6-103　落地灯

# 参考文献

［1］ 胡景初，方海，彭亮.世界现代家具发展史.北京：中央编译出版社，2005.

［2］ 张绮曼，郑曙旸.室内设计资料集.北京：中国建筑工业出版社，1993.

［3］ 庄荣，吴叶红.家具与陈设.北京：中国建筑出版社，2004.

［4］ 邓背阶，王秋萍，康海飞.家具精品选.上海：上海科学技术出版社，1991.

［5］ 姜维群.民国家具的鉴赏与收藏.天津：百花文艺出版社，2004.

［6］ 刘锋.新编常用家具制作图集.上海：上海科学技术出版社，2003.

［7］ 聂菲.家具鉴赏［M］.桂林：漓江出版社，1998.

［8］ 沈嘉禄.寻找老家具［M］.上海：上海书店出版社，2004.

［9］ 王唯铭，施培琦.与邬达克同时代——上海百年租界建筑解读［M］.上海：上海人民出版社，2014.

［10］ 小文.海派情结　重拾逝去的时尚——典传之海派家具赏析［J］.家具与室内装饰，2013（3）：42-47.

［11］ 健和田务.西方历代家具样式.北京：轻工业出版社，1980.

［12］ 唐国良.浦东鲁班.上海：上海辞书出版社，2009.